职业教育计算机类专业精品系列教材

网页设计基础

主　编◎李兴梅
副主编◎许传奎　李景娟
参　编◎赵　冶　孟祥娟　张金倩　阚宝娜
　　　　来晓燕　王保帅　徐　燕　于　波

首都经济贸易大学出版社
Capital University of Economics and Business Press
·北京·

图书在版编目（CIP）数据

网页设计基础 / 李兴梅主编. -- 北京 ：首都经济贸易大学出版社, 2025. 5. -- ISBN 978-7-5638-3796-0

Ⅰ. TP393.092

中国国家版本馆 CIP 数据核字第 2024WL7898 号

网页设计基础

WANGYE SHEJI JICHU

李兴梅　主编

责任编辑	韩　泽
封面设计	砚祥志远·激光照排　TEL:010-65976003
出版发行	首都经济贸易大学出版社
地　　址	北京市朝阳区红庙（邮编 100026）
电　　话	（010）65976483　65065761　65071505（传真）
网　　址	https://sjmcb.cueb.edu.cn
经　　销	全国新华书店
照　　排	北京砚祥志远激光照排技术有限公司
印　　刷	唐山玺诚印务有限公司
成品尺寸	185 毫米 × 260 毫米　1/16
字　　数	389 千字
印　　张	18.75
版　　次	2025 年 5 月第 1 版
印　　次	2025 年 5 月第 1 次印刷
书　　号	ISBN 978-7-5638-3796-0
定　　价	49.00 元

图书印装若有质量问题，本社负责调换

版权所有　侵权必究

前言

随着互联网的迅猛发展，计算机相关技术更新速度不断加快，社会对互联网人才的要求越来越高、越来越精。无论是专业的网站设计人员，还是网站的设计与制作爱好者，都迫切需要掌握一门网站设计与制作的技术。为了能使初学者少走弯路，找到学习网站相关知识和技术的有力"武器"，我们几位长期从事网页设计与制作的一线教师，编写了此书。

为了学习者能够比较容易理解并快速掌握这门技术，本书站在初学者的角度，从中、高职学生易于学习的角度进行选材，以精心设计的实用案例和通俗易懂的语言详细介绍了使用HTML5与CSS3进行网页设计与制作的各方面内容和技巧，以项目为依托，用任务进行驱动，将基础知识巧妙地融入案例中，着力体现了教、学、做一体化和职业教育的特色。在编写过程中运用了模块化思路，以学生小斌从"菜鸟"开始学习网页设计到能够独立完成个人网站建设为引导线，将教学内容分为HTML5、CSS3、HTML5和CSS3高级应用三个教学模块，从学生认知规律的角度，又将教学内容分为了11个教学任务。

本书具有以下特色：

（1）本书内容对接课程标准，紧跟时代步伐。在任务选取和案例设计，以及知识点和技能点的讲授中，融入了党的二十大所提出的"教育是国之大计、党之大计"的思想。培养什么人、怎样培养人、为谁培养人是教育的根本问题，以此弘扬正能量，引导学生树立正确的人生观和价值观，遵纪守法，爱国敬业。

（2）深入浅出，通俗易懂。编者充分考虑到学生的基础现状，在内容的安排上遵循由浅到深、循序渐进的原则，并与职业能力培养相结合，实现理论与实践一体化，真正做到从零基础开始，使学生掌握一门技能。

（3）本书针对性强、适用范围广。本书适合作为中、高职院校计算机相关专业程序设计类课程的教学使用，也可供网站设计人员、网站爱好者自学使用。通过本书的学习，可以掌握Web前端网页设计技术，为后端（服务器端）技术的学习打下良好的基础。

  为方便教师教学，有效提高教学质量，本书配备了教学课件、知识巩固答案、案例代码和素材等丰富的教学资源。

  本书虽经过几次修改，但由于编者能力所限，难免会有不妥之处，敬请专家和读者批评指正，如发现书中有任何问题，可以以电子邮件的形式发送至邮箱 **61341394@qq.com** 与我们联系，我们将不胜感激。

编者

目录

任务一　网页和网站的认识 ·· 1
　　学习目标 ··· 1
　　任务描述　学习网页相关知识 ·· 1
　　知识准备 ··· 1
　　　　一、网页和网站简介 ·· 1
　　　　二、网站制作流程 ·· 5
　　任务实现 ··· 6
　　　　一、网站的配色方案 ·· 7
　　　　二、网站首页的页面布局 ··· 7
　　知识拓展　网页制作工具使用技巧 ·································· 7
　　　　一、Dreamweaver CC 使用技巧 ······························· 7
　　　　二、HBuilder 的使用技巧 ··· 9

任务二　制作简单的网页 ·· 11
　　学习目标 ··· 11
　　任务描述　人物简介网页制作 ······································ 11
　　知识准备 ··· 11
　　　　一、认识 HTML5 ·· 11
　　　　二、文本控制标签 ·· 16
　　　　三、图像标签 ··· 21
　　　　四、结构性标签 ·· 24
　　　　五、分组标签 ··· 27
　　　　六、页面交互性标签 ·· 29
　　　　七、行内语义性标签 ·· 30
　　任务实现　人物简介网页结构制作 ································ 32
　　　　一、任务解析 ··· 32
　　　　二、具体实现 ··· 32
　　知识拓展 ··· 34
　　　　一、<ruby> 标签 ··· 34
　　　　二、<mark> 标签 ·· 35
　　　　三、<cite> 标签 ·· 35
　　知识巩固 ··· 36

任务三　运用CSS3美化网页 ……………………………………………… 38
学习目标 …………………………………………………………………… 38
任务描述　人物简介网页样式设置 ………………………………………… 38
知识准备 …………………………………………………………………… 38
一、认识 CSS3 …………………………………………………………… 38
二、CSS3 核心基础 ……………………………………………………… 39
三、CSS3 文本样式 ……………………………………………………… 52
四、CSS3 高级属性 ……………………………………………………… 67
任务实现　美化人物简介网页 ……………………………………………… 71
一、解析任务 …………………………………………………………… 71
二、任务实施 …………………………………………………………… 72
知识拓展 …………………………………………………………………… 73
一、属性选择器 ………………………………………………………… 74
二、关系选择器 ………………………………………………………… 75
三、伪类选择器 ………………………………………………………… 75
知识巩固 …………………………………………………………………… 78

任务四　运用盒子模型划分网页模块 ……………………………………… 80
学习目标 …………………………………………………………………… 80
任务描述　科技引领未来网页布局的制作 ………………………………… 80
知识准备 …………………………………………………………………… 80
一、盒模型 ……………………………………………………………… 80
二、盒子模型相关属性 ………………………………………………… 84
三、元素概念及类型 …………………………………………………… 103
四、块元素垂直外边距的合并 ………………………………………… 108
任务实现　科技引领未来网页的布局 ……………………………………… 109
一、任务解析 …………………………………………………………… 109
二、具体实现 …………………………………………………………… 109
知识拓展 …………………………………………………………………… 114
一、图片边框 …………………………………………………………… 114
二、阴影效果 box-shadow ……………………………………………… 115
三、box-sizing 属性 ……………………………………………………… 117
知识巩固 …………………………………………………………………… 118

任务五　为网页添加列表和超链接 ………………………………………… 120
学习目标 …………………………………………………………………… 120
任务描述　制作学生工作部水平导航条 …………………………………… 120
知识准备 …………………………………………………………………… 120
一、列表标签 …………………………………………………………… 120
二、CSS 控制列表样式 ………………………………………………… 125
三、超链接标签 ………………………………………………………… 129
四、CSS 伪类定义超链接状态 ………………………………………… 132

任务实现　制作学生工作部导航条 …………………………………………… 134
　　　　一、任务解析 ………………………………………………………………… 134
　　　　二、任务实施 ………………………………………………………………… 135
　　知识拓展 …………………………………………………………………………… 137
　　　　一、制作垂直导航条 ………………………………………………………… 137
　　　　二、导航栏内的下拉菜单 …………………………………………………… 139
　　知识巩固 …………………………………………………………………………… 142

任务六　为网页添加表格 ………………………………………………………… 143
　　学习目标 …………………………………………………………………………… 143
　　任务描述　制作革命景区旅游一览表 …………………………………………… 143
　　知识准备 …………………………………………………………………………… 143
　　　　一、表格标签 ………………………………………………………………… 143
　　　　二、CSS3 控制表格样式 …………………………………………………… 158
　　任务实现　革命景区旅游统计表 ………………………………………………… 163
　　　　一、解析任务 ………………………………………………………………… 164
　　　　二、简单表格制作 …………………………………………………………… 164
　　　　三、使用 CSS3 样式美化表格 ……………………………………………… 165
　　知识拓展 …………………………………………………………………………… 167
　　　　一、表格的分组标签 ………………………………………………………… 167
　　　　二、表格内嵌入标签 ………………………………………………………… 168
　　知识巩固 …………………………………………………………………………… 170

任务七　设计表单 ………………………………………………………………… 171
　　学习目标 …………………………………………………………………………… 171
　　任务描述　注册表单的制作 ……………………………………………………… 171
　　知识准备 …………………………………………………………………………… 171
　　　　一、认识表单 ………………………………………………………………… 171
　　　　二、表单控件 ………………………………………………………………… 176
　　　　三、CSS3 控制表单样式 …………………………………………………… 188
　　任务实现　制作注册表单 ………………………………………………………… 191
　　　　一、解析任务 ………………………………………………………………… 191
　　　　二、设计表单样式 …………………………………………………………… 192
　　　　三、制作简单表单 …………………………………………………………… 192
　　　　四、美化制作的表单 ………………………………………………………… 193
　　知识拓展 …………………………………………………………………………… 195
　　知识巩固 …………………………………………………………………………… 196

任务八　运用浮动和定位布局网页 ……………………………………………… 197
　　学习目标 …………………………………………………………………………… 197
　　任务描述　时代印记主页制作 …………………………………………………… 197
　　知识准备 …………………………………………………………………………… 197
　　　　一、布局的概述 ……………………………………………………………… 197

二、布局常用属性 …… 198
　　三、布局其他属性 …… 212
　　四、布局和导航 …… 215
　　五、网页模块命名规范 …… 220
　任务实现　制作美丽中国主页 …… 221
　　一、任务分析 …… 221
　　二、任务实施 …… 222
　知识拓展 …… 225
　　一、box-sizing 属性 …… 225
　　二、flexbox 属性 …… 226
　知识巩固 …… 229

任务九　全新的页面试听技术 …… 230
　学习目标 …… 230
　任务描述　在网页中插入音视频 …… 230
　知识准备 …… 230
　　一、多媒体对象基础知识 …… 230
　　二、插入多媒体对象 …… 231
　　三、CSS 控制视频尺寸 …… 237
　知识拓展 …… 238
　知识巩固 …… 239

任务十　运用特殊效果 …… 240
　学习目标 …… 240
　任务描述　在展示个人摄影作品中使用特殊效果 …… 240
　知识准备 …… 240
　　一、转换 …… 240
　　二、过渡 …… 247
　任务实现　在展示的摄影作品中使用特殊效果 …… 252
　　一、页面结构分析 …… 252
　　二、具体代码实现 …… 252
　　三、运行后网页的布局效果 …… 254
　知识拓展 …… 255

任务十一　综合项目实战 …… 258
　任务描述　"光影之旅，逐梦行"网站制作 …… 258
　任务实现 …… 258
　　一、网页设计规划 …… 258
　　二、使用 Hbuilder 建立站点项目 …… 260
　　三、切图 …… 261
　　四、制作首页 …… 261
　　五、制作子网页 …… 280

参考文献 …… 292

任务一　网页和网站的认识

学习目标

知识目标：掌握网页和网站的相关概念，能够理解二者之间的联系；
　　　　　了解网页设计的概念和术语；
　　　　　了解不同类型网站的特点；
　　　　　了解常用浏览器；
　　　　　掌握网页的设计流程。
技能目标：能够查询相关网站，检索案例资料；
　　　　　能够规划出网站主页的草图；
　　　　　能够使用网页编辑工具。

任务描述　学习网页相关知识

小斌是艺术类专业的学生，是一名摄影爱好者，他想建立一个摄影作品网站，通过展示他的摄影作品来展现当代青年的风采。他想自己动手制作这样的网站，于是他咨询了计算机专业的学长，从认识网页和网站开始学习制作网站。

知识准备

一、网页和网站简介

（一）网页和网站基本概念

网页（Web Page）是网站中的一页，是网站的基本信息单位，是WWW的基本文档。它由文字、图片、动画、声音等多种媒体信息以及链接组成，通常用HTML语言编写。其文件的扩展名通常为"html"或"htm"，此外还有"asp""aspx""php""jsp"等。

虽然网页的类型看上去多种多样，但在制作网页时可以将其用两种类型来划分：

（1）按网页在网站中的位置进行分类，可以分为主页和内页。

主页：用户进入网站时看到的第一个页面。

内页：通过主页中的超链接打开的网页。

例如：访问腾讯网（https：//www.qq.com/）时，首先看到的是主页，点击主页上的链接目录进入的就是内页。

（2）按网页的表现形式进行分类，可以分为静态网页和动态网页。

静态网页：指使用HTML语言编写的网页，其制作简单易学，但缺乏灵活性，浏览时浏览者和服务器不发生交互。例如：腾讯、新浪、网易等新闻门户网站的首页，以及淘宝、京东等电商网站的商品详情页和购物车页面。

动态网页：指在Web服务器上创建的、包含交互式功能和动态内容的网页，是在Web服务器上运行的脚本中生成的。当用户请求访问时，服务器会根据用户的输入或操作动态生成HTML文件，并将其返回给浏览器。例如：微信的朋友圈，京东、淘宝的购物车、下订单和支付页面等。

网站是互联网上拥有独立域名并拥有完整内容的网页集合。

如果把网站比作一本书，那么网页就是这本书中的一页。网页是构成网站的基本单位，是承载各种网站应用的平台，是网站信息发布和表现的主要形式。简单来说，网站是由网页组成的。

（二）网页基本构成要素

网页基本构成要素包括：

（1）标题（Title）：网页的标题，通常位于浏览器标签栏上，用于描述网页的主题和内容。

（2）主体内容（Body）：网页的主要部分，包含文本、图片、视频、音频等多媒体元素。

（3）导航栏（Navigation Bar）：用于引导用户在网页间跳转和浏览的结构化导航。

（4）侧边栏（Sidebar）：用于展示相关的内容或功能模块的辅助性区域。

（5）广告横幅（Ad Banner）：用于展示广告信息的横幅区域。

（6）页脚（Footer）：网页底部的区域，通常包含版权信息、联系方式等。

网页的基本构成如图1-1所示。

（三）网站类型

根据网站的性质可以将网站大致划分为企业网站、资讯门户网站、电子商务网站、个人网站。

1.企业网站

企业网站是指专门为企业提供展示、宣传、推广等服务的网站，旨在帮助企业树立品牌形象、提升知名度和吸引潜在客户。这些网站通常包括公司简介、产品或服务介绍、新闻动态、联系方式等内容，以及在线客服、留言反馈等交互功能，以便用户能够更便捷地了解企业信息并与企业进行沟通交流。

图1-1 网页的基本构成

企业网站的特点：专业性强、信息丰富、交互性强、目标明确、设计精美。例如：大众汽车官网（https://www.vw.com.cn/）。

2. 资讯门户网站

资讯门户网站是一种提供各种类型新闻、信息和娱乐内容，并为用户提供互动交流平台的网站。这些网站通常包括政治、经济、文化、体育、科技、娱乐等各个领域的新闻报道、评论分析、专题报道、视频直播等内容。

资讯门户网站的特点是：资讯丰富、及时性强、互动性强、广告量大。例如，腾讯网（https：//www.qq.com/）。

3. 电子商务网站

电子商务网站是指通过互联网提供商品或服务的在线销售平台，用户可以在网站上浏览商品信息、下单购买、支付结算等。

电子商务网站的特点是：便捷快速、商品种类丰富、价格透明。例如，京东购物网站（https：//www.jd.com/）。

4. 个人网站

个人网站是指由个人或小型团队自主设计、建设和维护的网站，用于展示个人或团队的作品、介绍个人或团队的经历和能力、分享个人或团队的观点和见解等。

个人网站的特点是：个性化强、自主管理、成本低廉、推广难度大、更新维护周期长。

（四）浏览器概述

浏览器是网页运行的平台，是一种用于访问互联网上网页和资源的软件程序，它允许用户通过输入网址或使用搜索引擎来访问网站，并显示网站上的文本、图像、视频和其他媒体内容。

常见的浏览器有谷歌浏览器（Google Chrome）、火狐浏览器（Mozilla Firefox）、Microsoft Edge浏览器、Safari浏览器、QQ浏览器等，如图1-2所示。

谷歌浏览器　　火狐浏览器　　Microsoft Edge浏览器　　Safari浏览器　　QQ浏览器

图1-2　常用浏览器图标

本书所有应用实例在谷歌浏览器（Google Chrome）中运行，如果运行相关实例请安装谷歌浏览器（Google Chrome）。同时，可以安装其他常用浏览器，如火狐浏览器（Mozilla Firefox）、Microsoft Edge浏览器、QQ浏览器等用来查看网页在主流浏览器下的页面效果和兼容问题。

> **涨知识：什么是浏览器内核**
>
> 我们频繁地提到了浏览器内核。浏览器内核是浏览器最核心的部分，负责对网页语法的解释并渲染网页（也就是显示网页效果）。渲染引擎决定了浏览器如何显示网页的内容以及页面的格式信息。不同的浏览器内核对网页编写语法的解释也不同，因此同一网页在不同内核的浏览器里其渲染（显示）效果也可能不同。这里我们提到的浏览器内核有Gecko、WebKit、Blink、Chromium四种。

二、网站制作流程

制作网站就像完成一项工程，有一定的工作流程。设计师在设计、制作网站时，只有遵循相关流程才能有条不紊地完成网站制作，让网站页面的结构更加规范合理。网站制作流程主要包括以下步骤。

（一）确定网站主题

网站主题是网站的核心部分，一个网站只有在确定主题后，才能有针对性地选取内容，可以通过前期的调查和分析来确定该网站的主题。

（1）调查：调查目的是了解各类网站的发展状况，总结出当前主流网站的特点、优势及竞争力，为网站的定位确定一个方向。在调查时主要考虑以下问题：

①网站建设的目的；
②网站的服务对象；
③网站的风格；
④网站的社会规范和法律法则。

（2）分析：是指根据调查的结果，对建立的网站对象进行特点、优势、竞争力的分析，初步确定网站主题。在确定主题时要遵循以下原则：

①主题要小而精，定位不宜过大过高；
②主题要能体现网站对象的特点。

（二）网站整体规划

对网站进行整体规划能够帮设计师快速理清网站结构，让网页之间的关联更加紧密。通常规划一个网站时，可以先用思维导图把每个页面的名称列出来，如图1-3所示。

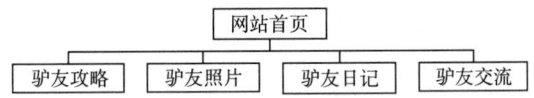

图1-3 旅游个人网站思维导图

规划完整体的网站框架思维导图，便可以规划网站的其他内容，主要包括网站的功能、网站的结构、版面布局等，如果是一些功能需求较多的网站，还需要产品经理设计原型线框图。

（三）收集素材

当网站整体规划完成之后，便可以收集网页设计需要的资料和素材。丰富的素材不仅能够让设计师们更轻松地完成网站的设计，还能极大地节约设计成本。在网页设计中，收集素材主要包括两种，一种为文本素材，另一种为图片素材。

在收集素材时，为了将素材类别划分清楚，一般都会将其存放在相应的文件夹中。例如：文本素材通常存放在名称为text的文件夹中，图片素材通常存放在名称为images

的文件夹中。

（四）设计网页效果图

设计网页效果图就是根据设计需求，对收集的素材进行排版和美化，给用户提供一个合理、视觉效果突出的界面。在设计网页效果图时，设计师应该根据网站的内容确定网站的风格、色彩以及表现形式等要素，完成页面的设计部分。

（五）搭建网站静态页面

搭建网站静态页面是指将设计的网页效果图转换为能够在浏览器中浏览的页面。这就需要对页面设计规范有一个整体的认识并掌握一些基本的网页脚本语言，如HTML、CSS等。需要注意的是，在拿到网页设计效果图后，切忌直接切图、搭建结构，应该先仔细观察效果图，对页面的配色和布局有一个整体的认识，主要包括颜色、尺寸、辅助图片等。

（六）开发动态网站模块

静态页面搭建完成后，如果网站还需要具备一些动态功能（例如：搜索功能、留言板、注册登录系统、新闻信息发布等），就需要开发动态功能模块。目前，被广泛应用的动态网站技术主要有PHP、ASP、JSP三种。

（七）上传和发布网页

网页制作完成后，最终要上传到Web服务器上，网页才具备访问功能。在网页上传之前，首先要申请域名和购买空间（免费空间不用购买），然后使用相应的工具上传即可。上传网站的工具有很多，可以运用FTP软件上传（例如：Flash FXP），也可运用Dreamweaver自带的站点管理上传文件。

任务实现

小斌通过学习这些基础知识后，认真地思考了他想要制作的网站。他希望建立一个能够展示他摄影作品的网站，网站风格可以参照婚纱摄影网站。如图1-4显示的是小斌参照的婚纱摄影网站首页。接下来，我们对该网站进行分析。

图1-4　婚纱摄影网站首页

一、网站的配色方案

这是一个企业性质的网站，主要是向用户宣传和展示婚纱摄影公司的相关文化，页面美观，有主有次，在凸显艺术性的同时，通过鲜明的大图既能吸引用户的视线，又能通过强烈的视觉冲击力来体现主题。该网页采用了以蓝色为基调的邻近色配色方案，可以看出该公司主打海洋类的婚纱摄影；使用简单的横向导航栏，向用户展现简洁、整齐、大方的企业文化。导航栏的文字使用了亮色，打破了单调的网页整体效果，营造出生动的网页空间氛围，用户使用导航栏时更为方便。

二、网站首页的页面布局

该网页是网站的首页，它分为了四部分，第一部分主要是放置摄影公司的Logo，背景色使用了偏蓝调的灰色；第二部分是横向导航栏，字体颜色使用亮色，背景颜色同样偏蓝调；第三部分是网页的主要区域，该区域一定要能够体现摄影公司的企业文化、网站的主题，具有强烈的视觉冲击效果；第四部分不是整个网页的重点，放置了相关的友情链接和客户服务。这样的网页布局既能够给用户视觉上的冲击，又能明确网站的主题，还能让用户简单地跟着导航进入下一张网页。

知识拓展　网页制作工具使用技巧

除了可以使用记事本编写网页代码之外，还可以使用专业的网页制作软件，从而更加轻松地制作网页，在这里简单介绍两种可以编写网页代码的工具。

一、Dreamweaver CC 使用技巧

（一）Dreamweaver CC概述

Dreamweaver CC是Adobe公司推出的一款网页制作软件，它可以帮助用户轻松地创建、编辑和管理网站。Dreamweaver CC具有可视化的界面和强大的功能，包括HTML、CSS、JavaScript等多种语言的支持，可以实现网页布局、样式设计、交互效果等功能。

Dreamweaver CC还提供了丰富的模板库和代码库，用户可以直接使用这些模板和代码来快速搭建网站。此外，Dreamweaver CC还支持多浏览器兼容性测试，可以帮助用户确保网站在各种浏览器上都能正常显示。

总之，Dreamweaver CC是一款功能强大、易于使用的网页制作软件，适合初学者和专业开发人员使用。

（二）Dreamweaver CC编写网页代码步骤

创建网页常用如下的两种方式：

（1）启动Dreamweaver CC，在启动界面"新建"项中选择"HTML"，进入Dreamweaver

CC窗口，选择编辑区上方的"代码"或"拆分"方式，就可以在编辑区域编写代码。Dreamweaver CC启动选择界面如图1-5所示。

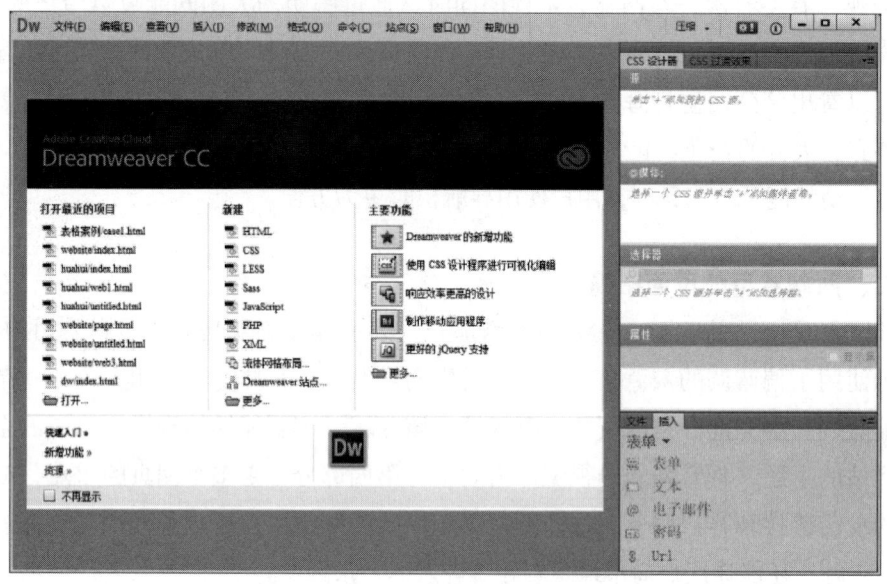

图1-5　Dreamweaver CC启动选择界面

（2）在菜单栏"文件"中选择"新建"弹出"新建文档"对话框，在"页面类型"选项中选择"HTML"，点击"创建"按钮就可编写代码。建议使用"拆分"方式，它可以将编辑区域分成两部分，左侧编写代码，右侧使用"实时视图"方式以查看网页效果，也可以通过按钮选择浏览器对网页进行预览。图1-6为"文件"菜单中的"新建"选项。

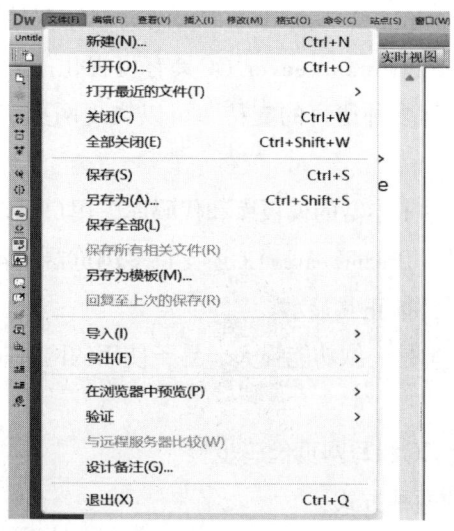

图1-6　"文件"菜单中"新建"选项

> 💡 **涨知识：创建本地站点**
>
> 通常先在本地磁盘上创建本地站点，站点可以简单地理解为管理和存放网站中所有网页及各种素材的文件夹。通过站点，可以方便地对站点文件进行管理，并能减少链接与路径方面的错误。

二、HBuilder的使用技巧

（一）HBuilder概述

HBuilder是一款基于HTML、CSS、JavaScript等Web前端技术的开发工具，它可以帮助开发者快速创建、编辑和管理网站。HBuilder提供了可视化的界面和强大的功能，包括代码高亮、代码提示、调试器、版本控制等功能。

HBuilder还支持多种编程语言，如HTML、CSS、JavaScript、Vue.js、React等，可以满足不同开发者的需求，能帮助用户更高效地开发网站。

总之，HBuilder是一款易于使用、功能强大的Web前端开发工具，适合初学者和专业开发人员使用。

（二）HBuilder编写网页代码步骤

启动HBuilder软件，打开窗口后，在菜单栏"文件"选项中选择"新建"，在"新建"的下一级菜单选项中选择"Web项目"，弹出对话框，在"项目名称"中输入文件名，在"位置"中选择项目保存的位置，点击"完成"。

项目建立后，在左侧窗口显示项目名，在项目名上单击右键，在菜单中选择"新建"，在"新建"下拉菜单中选择"HTML文件"，便可建立网页。保存网页文件后，可以使用按钮选择浏览器进行网页预览。步骤如图1-7、图1-8、图1-9所示。

图1-7　新建Web项目

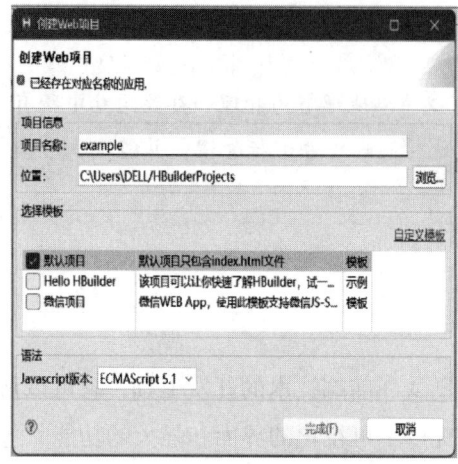

图1-8 项目名称和位置对话框

图1-9 建立HTML文件

任务二　制作简单的网页

学习目标

知识目标：掌握HTML5文档的基本格式；
　　　　　掌握HTML5的基本标签；
　　　　　掌握图像标签。
技能目标：能够合理地使用所学标签定义网页元素；
　　　　　能够运用HTML5的标签搭建网页的基本结构。

任务描述　人物简介网页制作

通过任务一的学习，小斌已经对网页设计有了一定的认识，了解了可以用于制作网页的软件，并且能够初步尝试编写一个简单的网页。正巧学校里在组织红色宣传活动，需要制作一位革命英雄人物简介的网页，虽然小斌刚开始接触网页设计，但是他充满了信心，让我们跟随他的脚步，从最基础的知识开始学起吧！

知识准备

一、认识HTML5

HTML5是构建Web内容的一种语言描述方式。它是对HTML标准的第五次修订，其主要的目标是将互联网语义化，以便更好地被人类和机器阅读，同时更好地支持各种媒体的嵌入。HTML5将Web带入一个成熟的应用平台，在这个平台上，视频、音频、图像、动画以及与设备的交互都进行了规范。下面从讲解一个基本的HTML5文档开始学习。

（一）HTML5文档的基本格式

一个完整的HTML5文档的基本结构如下：

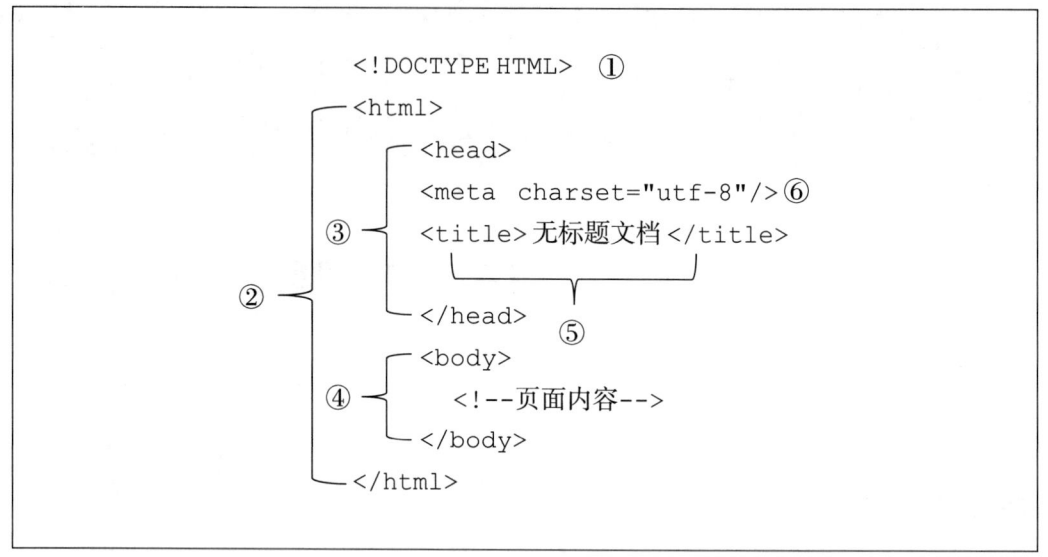

说明：

① <!DOCTYPE HTML>用于声明文档类型，告诉浏览器当前文档使用的是HTML5标准，使用HTML5解析器来解析文档。如果没有这个声明，浏览器可能会使用旧的HTML解析器来解析文档，导致一些HTML5特性无法正常工作或显示不正确。另外，该声明还有助于浏览器正确地缓存和渲染页面，以及遵循W3C标准。

② <html>……</html> 位于<!DOCTYPE>标签之后，称为根标签，用于告知浏览器其自身是一个HTML文档，<html>标签标志着HTML文档的开始，</html>标签标志着HTML文档的结束，在它们之间的是文档的头部和主体内容。

③ <head>……</head> 用于定义HTML5文档的头部信息，称为头部标签，紧跟在<html>标签之后，在<head>……</head>之间主要用来封装文档的各种属性和信息，包括文档的标题、在Web中的位置以及和其他文档的关系等。一个HTML文档只能含有一对<head>标签，绝大多数文档头部包含的数据都不会真正作为内容显示在页面中。

④ <body>……</body> 用于定义HTML文档在浏览器中所要显示的内容，称为主体标签。浏览器中显示的所有文本、图像、音频和视频等信息都必须封装在<body>……</body>之间，<body>标签中的信息才是最终展示给用户看的内容。

⑤ <title>……</title> 用于定义网页的标题，即给网页取一个名字，称为标题标签。

⑥ <meta> 用于定义与页面有关的名称、关键字、作者等信息，称为元信息标签。

【实例2-1】制作第一张网页。

代码如下：

```
<!DOCTYPE HTML>
 <html>
    <head>
       <meta  charset="utf-8" />
       <title>第一张网页</title>
    </head>
    <body>
       <p>第一张网页！加油，继续努力！</p>
    </body>
 </html>
```

运行后效果如图2-1所示。

图2-1　第一张网页效果

（二）标签

标签就是放在"<>"标签符号中表示某个功能的编码命令。HTML5标签分为两大类，分别是"双标签"与"单标签"。

1. 双标签

双标签由开始标签和结束标签组成。如实例2-1中的<html>……</html>标签、<title>……</title>标签，其中<html>、<title>为开始标签，</html>、</title>为结束标签，两者的区别为是否有"/"。

基本语法格式：

```
<标签名>内容</标签名>
```

2. 单标签

单标签是指用一个标签即可完整地描述某个功能，如<meta />标签。

基本语法格式：

```
<标签名 />
```

（三）标签属性

标签属性用于为标签提供更多的信息，进而满足用户所需的标准，属性总是以

"名称/值"对的形式出现。如实例2-1中<meta charset="utf-8"/>中的charset属性。

基本语法格式：

<标签名　属性1="属性值1" 属性2="属性值2" …> 内容 </标签名>

说明：

①一个标签可以拥有多个属性，必须写在开始标签中，位于标签名后面。

②属性值应该始终被包括在引号内。在某些个别的情况下，如属性值本身就含有双引号，那么必须使用单引号。

③属性之间不分先后顺序，标签名与属性、属性与属性之间均以空格分开。

④任何标签的属性都有默认值，省略该属性则取默认值。

（四）HTML5文档头部相关标签

网页中需要设置页面的基本信息，如页面的标题、作者、关键字和其他文档的关系等，为此HTML提供了一些标签，由于这些信息不需要显示给用户，所以将标签放置在头部。

1. <title>标签

<title>标签用于定义HTML页面的标题，即给网页取一个名字，必须位于<head>标签之内。一个HTML5文档只能含有一对<title>标签，<title>之间的内容将显示在浏览器窗口的标题栏中。如实例2-1中<title>第一张网页</title>。

基本语法格式：

<title>网页标题名称</title>

2. <meta>标签

<meta>标签用于定义页面的元信息，是单标签，如关键字、作者等，可重复出现在<head>头部标签中，<meta>标签本身不包含任何内容，通过"属性/值"的形式进行使用。

基本语法格式：

<meta 属性1= "属性值1" 属性2= "属性值2"……>

<meta>标签的常用属性如表2-1所示。

表2-1　<meta>标签的常用属性

属性	描述
charset	规定 HTML 文档的字符编码
content	定义与 http-equiv 或 name 属性相关的元信息
http-equiv	把 content 属性关联到 HTTP 头部
name	把 content 属性关联到一个名称

对表2-1属性举例说明：

（1）设置网页显示字符集：

```
<meta charset="utf-8"/>
```

说明：

utf-8是目前最常用的字符集编码方式，常用的字符集编码方式还有gb2312。

（2）搜索关键字：

```
<meta name="keywords" content="凤凰，凤凰网，凤凰新媒体，凤凰卫视，凤凰卫视中文台，资讯台，电影台，凤凰周刊，phoenix，phoenixtv">
```

说明：

①name属性的值为keywords，用于定义搜索内容名称为网页关键字。

②content属性的值用于定义关键字的具体内容。

③多个关键字内容之间可以用逗号","分隔。

（3）网页制作者信息：

```
<meta content="菜鸟教程" name="author">
```

说明：

①name属性的值为author，用于定义搜索内容名称为网页的作者。

②content属性的值用于定义具体的作者信息。

（4）网页描述：

```
<meta name="description" content="菜鸟教程提供了基础编程技术教程。菜鸟教程的Slogan为：学的不仅是技术，更是梦想！ 我们坚持一件事情，并不是因为这样做了会有效果，而是坚信，这样做是对的。">
```

说明：

①name属性的值为description，用于定义搜索内容名称为网页描述。

②content属性的值用于定义描述的具体内容。

（5）自动跳转：

```
<meta http-equiv="refresh" content="2;url= https://www.cnki.net/">
```

说明：

①两秒之后自动跳转到知网首页。

②http-equiv属性的值为refresh。

③content属性的值为数值和url地址。

④中间用分号";"隔开，用于指定在特定的时间后跳转至目标页面，该时间默认以秒为单位。

> 👆 **小试身手**
>
> 查看下列网站的源代码：
>
> https://www.runoob.com/
>
> https://www.ifeng.com/
>
> https://www.tsinghua.edu.cn/
>
> 要求：
>
> 1. 在网站的代码中找出下列<head>标签、<title>标签、<meta>标签、<html>标签、<body>标签。
>
> 2. 查看<meta>标签中的属性，领会属性的作用。

二、文本控制标签

（一）标题、段落和水平线标签

1. <h1> 到 <h6> 标签

<h1> 到 <h6> 标签用于分级定义标题。HTML提供了6个等级的标签，即<h1>、<h2>、<h3>、<h4>、<h5>和<h6>。<h1> 定义最大的标题，<h6> 定义最小的标题。标题标签是双标签，书写时一定不要忘记使用结束标签。

基本语法格式：

```
<hn>标题内容</hn>
```

说明：

该语法中n的取值为1到6。

【实例2-2】标题标签使用实例。

代码如下：

```
<!DOCTYPE HTML>
    <html>
        <head>
            <meta charset="utf-8"/>
            <title>标题标签</title>
        </head>
        <body>
            <h2>这是2级标题</h2>
```

```
        <h3>这是 3 级标题</h3>
        <h4>这是 4 级标题</h4>
        <h5>这是 5 级标题</h5>
        <h6>这是 6 级标题</h6>
    </body>
</html>
```

运行后效果如图 2-2 所示。

通过观察运行结果，可以看出<h1>标签到<h6>标签字体逐渐减小。一般情况下，网页的主标题使用<h1>标签，次标题使用<h2>标签或<h3>标签。

2. <p>标签

<p>标签用于定义段落，它是双标签。文字段落由<p>标签开始，由</p>标签结束。一个网页中的文档可以有多个段落。浏览器会自动地在段落的前后添加空行。

图 2-2　各级标题的效果

基本语法格式：

```
<p >段落文本</p>
```

3. <hr/>标签

<hr/>标签用于在 HTML 页面中创建一条水平线，水平线可以在视觉上将文档分隔成各个部分。

基本语法格式：

```
<hr 属性= "属性值"/>
```

说明：

<hr/>标签可以使用属性改变水平线的样式，<hr/>标签中常用的属性如表 2-2 所示。

表 2-2　水平线标签<hr/>的常用属性

属性	描述	常用属性值	默认值
align	设置水平分隔线的对齐方式	left、center、right	center
size	设置水平分隔线的粗细	像素值	2
width	设置水平分隔线的宽度	像素值或%	100%
color	设置水平分隔线的颜色		black

【实例2-3】制作简单的网页。

代码如下：

```
<!DOCTYPE HTML>
<html>
        <head>
                <meta charset="utf-8"/>
                <title>多个标签的使用</title>
        </head>
        <body>
                <h2>夏日绝句</h2>
                <hr align="left" size="6" width="90%" color="#003399" />
                <p>生当作人杰，死亦为鬼雄。至今思项羽，不肯过江东。</p>
                <hr align="left" size="6" width="90%" color="#003399" />
        </body>
</html>
```

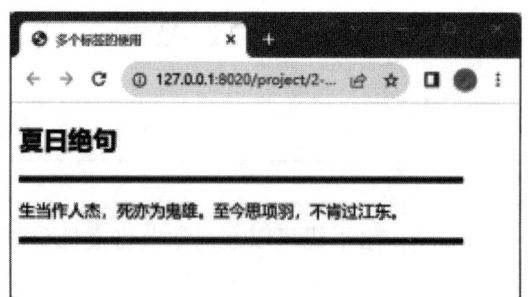

图2-3　多个标签使用的效果

运行后效果如图2-3所示。

改变浏览器窗口的大小，可以看出水平线的宽度随着窗口宽度的改变而改变，这是因为定义了<hr>标签的宽度属性width="90%"。

小试身手

制作一张个人介绍的网页，在网页中使用标题标签定义主标题，段落标签定义内容，在合适的位置加入一条下滑线。

4.
标签

标签用于插入一个换行符，可以将某段文本强行换行，实现文本另起一行的效果；还可以使用
来输入空行。

小试身手

将
标签插入实例2-5中文本第二句的后面，运行代码，观察效果。

（二）文本格式化标签

在HTML5网页文档中，为了着重强调某一部分，或者是对输出的文本有特殊要求，如为文字添加下划线、设置斜体或者粗体、设置上标或者下标，就需要为文本添加一些特殊格式。因此，定义很多格式化输出的标签。常用的文本格式化标签见表2-3。

表2-3 常用的文本格式化标签

标签	描述	示例
\<b\>……\</b\>	粗体	**中国梦**
\<strong\>……\</strong\>	表强调，一般为粗体	**中国梦**
\<i\>……\</i\>	斜体	*中国梦*
\<em\>……\</em\>	表强调，一般为斜体	*中国梦*
\<ins\>……\</ins\>	加下划线	<u>中国梦</u>
\<del\>……\</del\>	删除线	~~HTML5~~
\<sup\>……\</sup\>	上标	X^2
\<sub\>……\</sub\>	下标	X_2

【实例2-4】使用文本格式化标签。

代码如下：

```html
<!DOCTYPE HTML>
<html>
    <head>
        <meta charset="utf-8"/>
        <title>文本格式化标签</title>
    </head>
    <body>
        <h2 >文本格式化标签的使用</h2>
        <p><strong>粗体的文字效果</strong></p>
        <p><em>斜体的文字效果</em></p>
        <p><del>添加删除线的文本效果</del></p>
        <p><ins>添加下划线的文本效果</ins></p>
        6<sup>2</sup>+X<sub>1</sub>=X<sub>2</sub>
    </body>
</html>
```

运行后效果如图2-4所示。

图2-4 文本格式化标签的使用

在该实例中分别使用<b>标签和<strong>标签给文本加粗,以及分别使用<i>标签和<em>标签使得文本倾斜,观察它们的修饰效果是否不同?它们表达的意义是否相同?

(三)特殊字符代码

在 HTML中,某些字符是预留的。比如:在 HTML中不能随意使用小于号(<)和大于号(>),这是因为浏览器会误认为它们是标签,在解析HTML文档时会出现问题;还有一些字符在键盘上无法表达出来,如"©"。如果需要使用这样的字符就必须使用特殊字符代码来代替。常用的特殊字符代码如表2-4所示。

表2-4 常用的特殊字符代码

特殊字符	字符代码	特殊字符	字符代码
空格		©	&copy;
<	&lt;	&	&amp;
>	&gt;	×	&times;

【实例2-5】在网页中使用特殊字符代码。

代码如下:

```
<!DOCTYPE HTML>
<html>
        <head>
                <meta charset="utf-8"/>
                <title>特殊字符实例</title>
        </head>
        <body>
                敲键盘空格键10下           真的不管用
                使用空格符        可以实现空白字符效果!<br/>
                这样输出一个&lt;br/&gt;换行标签。<br/>
                这里输入一个&copy;版权所有符
        </body>
</html>
```

运行后效果如图2-5所示。

当在网页中插入多个空格时就必须使用多个" "。

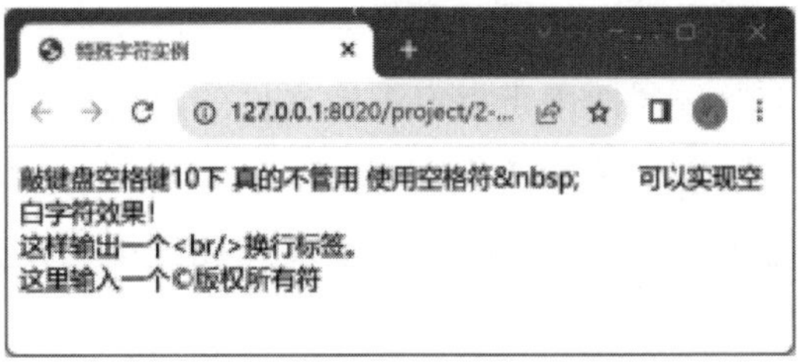

三、图像标签

网页中使用图像可以更好地传达信息，能够使网页更加吸引受众群体，但不是所有的图像格式都适合在网页中使用。下面讲解常用的图像格式。

图2-5　特殊字符代码的使用

（一）常用图像格式

1. JPG格式

JPG所能显示的颜色比GIF和PNG要多得多，可以用来保存超过256种颜色的图像，但JPG是一种有损压缩的图像格式，这就意味着每修改一次图片都会造成一些图像数据的丢失。JPG是特别为照片图像设计的文件格式，网页制作过程中类似于照片的图像，如横幅广告、商品图片、较大的插图等都可以保存为JPG格式。

优点：颜色丰富、1650万种颜色、页面表达很细腻。

缺点：图片较大、不支持透明。

2. GIF格式

GIF最突出的地方就是它支持动画，同时GIF也是一种无损的图像格式，也就是说修改图片之后，图片质量几乎没有损失。再加上GIF支持透明（全透明或全不透明），因此很适合在互联网上使用。但GIF只能处理256种颜色。在网页制作中，GIF格式常常用于Logo、小图标及其他色彩相对单一的图像。

优点：支持动画、支持透明。

缺点：不能表达颜色丰富的图片。

3. PNG格式

PNG包括PNG-8和真色彩PNG（PNG-24和PNG-32）。相对于GIF，PNG最大的优势是体积更小，支持Alpha透明（全透明、半透明、全不透明），并且颜色过渡更平滑，但PNG不支持动画。通常，图片保存为PNG-8会在同等质量下获得比GIF更小的体积，而半透明的图片只能使用PNG-24。

优点：体积小、支持透明。

缺点：IE6支持PNG-8，但不支持PNG-24和PNG-32。

（二）<img/>标签

<img/>标签用于在网页中显示图像。

基本语法格式：

```
<img src= "图像文件名" alt="替代文本"/>
```

说明：

src属性用于指定图像文件的路径和文件名，它是<img/>标签的必需属性。alt属性用来为图像定义一串预备的可替换的文本，替换文本属性的值是用户定义，当浏览器无法载入图像时，替换文本属性提示图像的信息，建议为网页加载图像时使用该属性。

【实例2-6】在网页中插入一张图片。

代码如下：

```
<!DOCTYPE HTML>
<html>
    <head>
        <meta charset="utf-8"/>
        <title>插入图像实例</title>
    </head>
    <body>
        <h2>奋飞的鸭群</h2>
        <img src="2-8-1.jpg" alt="奋飞的鸭群"/>
    </body>
</html>
```

图2-6 插入图像运行效果

运行后效果如图2-6所示。

在<img/>标签中src属性值一定正确地指向图像文件所在的位置；alt属性是指在无法正常加载图像时，通过这个属性的值提醒用户此处是一张"奋飞的鸭群"图像。

<img/>标签还有其他常用的属性，如表2-5所示。

表2-5 <img/>标签的属性

属性	描述	常用属性值
title	鼠标悬停在图像时显示的内容	—
width	图像的宽度	通常为像素值或%
height	图像的高度	通常为像素值或%
border	图像的边框宽度	通常为像素值

续表

属性	描述	常用属性值
align	图像和文字之间的对齐方式	top bottom middle left right
hspace	水平间距，设置图像左侧和右侧的空白水平距离	通常为像素值
vspace	垂直间距，设置图像顶部和底部的空白垂直距离	通常为像素值

说明：

在<img/>标签的这些属性中border、align、hspace、vspace不再建议使用，我们将使用后面学习的CSS样式来替代。

小试身手

修改实例 2-6.html，使用下面的<img/>代码替换原来的代码，运行代码，观察结果。

`<img src="images/2-8-1.jpg" alt="奋飞的鸭群" width="280px" height="220px"/>`

涨知识

如果提供了一个百分比形式的 width 值而忽略了 height，那么不管是放大还是缩小，浏览器都将保持图像的宽高比例。这意味着图像的高度与宽度之比将不会发生变化，图像也就不会发生扭曲。

（三）绝对路径和相对路径

在使用文件或图像时，要指出其所存储的位置，这就是路径，路径分为绝对路径和相对路径两种类型。

1. 绝对路径

绝对路径是指文件在目录下的绝对位置，通常是从盘符开始的路径。完整地描述文件位置的路径就是绝对路径，以Web站点根目录为参考基础的目录路径。

2. 相对路径

相对路径是以当前文件所在路径为参照基础，链接到目标文件（或文件夹）的路径。通常是以当前网页文件所在路径为起点，通过层级关系描述目标文件的位置。通常只包含文件名和文件夹名，甚至只有文件名。

（1）如果链接到同一目录下，则只需要输入要链接文件的名称。

（2）要链接到下级目录中的文件，只需先输入目录名，然后加"/"符号，再输入文件名。

（3）要链接到上一级目录中的文件，则先输入"../"，再输入文件名。

四、结构性标签

过去，网页设计中的布局依靠div+css技术来实现。这种布局有一些缺点：一是CSS类不是通用的标准规范，搜索引擎只能够猜测某部分的功能；二是HTML文档的结构与内容定义不够清晰。

在HTML5中，引入了语义的概念，即元素可以表达其作用。因此，为了使文档的结构更加清晰，语义更加明确，新增了页眉<header>、页脚<footer>、导航<nav>、内容块<section>、侧边栏<aside>、文章<article>等与HTML文档结构相关的结构性标签。如图2-7所示，使用结构性标签能够很清晰地表示文档的结构。

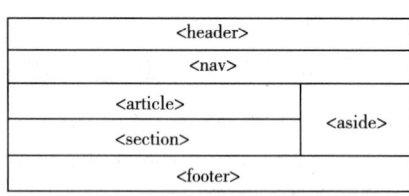

图2-7 HTML5结构性标签使用示意图

常用结构性标签如表2-6所示。

表2-6 常用结构性标签

属性	描述
<header>	规定文档或节的页眉
<nav>	定义导航链接
<article>	定义文章
<section>	定义文档中的节
<aside>	定义页面内容以外的内容
<footer>	定义文档或节的页脚

下面我们对常用的结构性标签进行详细讲解。

（一）<header>标签

<header>标签定义文档的页眉，通常是一些引导和导航信息。<header>标签不仅可以写在网页头部，也可以写在网页内容里面，比如写在<article>或者<section>标签中。通常<header>标签至少包含（但不局限于）一个标题标签（<h1>~<h6>），还可以包括<hgroup>标签，以及表格内容、标识Logo、搜索表单、<nav>导航等。

```
<header>
  <h1>静态网页设计</h1>
  <h2>任务2  简单的网页</h2>
</header>
```

（二）<nav>标签

nav（navigator的缩写）标签代表页面的一个部分，是一个可以作为页面导航的链接组。其中的导航标签链接到其他页面或者当前页面的其他部分，使HTML5代码在语义化方面更加精确。例如：

```
<nav>
    <ul>
        <li><a href="#">办公门户</a></li>
        <li><a href="#">信息门户</a></li>
        <li><a href="#">流程中心</a></li>
        <li><a href="#">校情展示</a></li>
    </ul>
</nav>
```

一个HTML页面中可以包括多个<nav>标签，作为页面整体或不同部分的导航。具体来说，<nav>标签可以应用于传统导航条、侧边栏导航、页内导航、翻页操作等场合。<ul>标签为无序列表标签，后面的任务中会详细讲解。

（三）<section>标签

<section>标签用于对网页的内容进行分区、分块，定义文档中的节，如章节、页眉、页脚或文档中的其他部分。一般情况下，<section>标签通常由标题和内容组成。例如：

```
<section>
    <h1>标题信息</h1>
    <p>section内容信息</p>
    <article>
        <h2>文章标题</h2>
        <p>文章的具体内容</p>
    </article>
</section>
```

<section>标签表示一段专题性的内容，一般会带有标题，没有标题的内容区块不要使用<section>标签定义。

根据实际情况，如果<article>标签、<aside>标签或<nav>标签更符合使用条件，那么不要使用<section>标签。

> **涨知识**
>
> 当一个容器需要被直接定义样式或通过脚本定义行为时，推荐使用<div>标签而非<section>标签。<div>标签作为容器使用，而<section>标签则用于表达专题性的内容。

（四）<article>标签

<article>标签是一个特殊的<section>标签，它比<section>标签具有更明确的语义，它代表一个独立的、完整的相关内容块，可独立于页面的其他内容直接使用。例如：一篇完整的论坛帖子、一篇博客文章、一个用户评论等。<article>标签会有标题部分，通常包含<header>标签，有时也会包含<footer>标签。<article>标签可以嵌套，内层的<article>标签对外层的<article>标签有隶属关系。例如：一篇博客的文章，可以用<article>标签显示，然后一些评论也可以用<article>标签的形式嵌入其中。例如：

```
<article>
    <header>
        <h1>静态网页设计</h1>
        <h2>任务2  简单的网页</h2>
    </header>
    <p>文字内容</p>
</article>
```

（五）<aside>标签

<aside>标签用来装载非正文的内容，被视为页面里的一个单独部分。<aside>标签可以被包含在<article>标签内作为主要内容的附属信息，也可以在<article>标签之外使用，作为页面或站点全局的附属信息部分。例如：广告、友情链接、侧边栏、导航条等。<aside>标签可包含标题信息，也可添加列表。例如：

```
<article>
    <h2>文章标题</h2>
    <p>文章的具体内容</p>
    <aside>添加附属信息</aside>
</article>
<aside>
    <h2>友情链接</h2>
    <ul>
        <li><a herf="http://www.baidu.com">百度网</a></li>
        <li><a herf="https://www.cnki.net/">中国知网</a></li>
    </ul>
</aside>
```

（六）<footer>标签

<footer>标签定义section或document的页脚，包含了与页面、文章或是部分与内容有关的信息，比如说文章的作者或者日期。作为页面的页脚时，一般包含了版权、相关文件和链接。<footer>标签和<header>标签的使用基本一样，可以在一个页面中多次使用，也可以在<article>标签或者<section>标签中添加<footer>标签，那么它就相当于该区段的页脚了。

例如：

```
<article>
  <h2>子标题</h2>
  <p>article子内容</p>
  <aside>附属信息部分</aside>
  <footer>供稿人：小斌等。</footer>
</article>
```

五、分组标签

分组标签主要完成Web页面区域的划分，确保内容的有效分隔。

（一）<figure> 标签和<figcaption>标签

<figure>标签用于定义独立的流内容，如图像、图表、照片、代码等，一般指一个单独的单元。

<figcaption>标签用于为<figure>标签组添加标题，一个<figure>标签内最多允许使用一个<figcaption>标签，该标签应该放在<figure>标签的第一个或者最后一个子标签的位置。

【实例2-7】<figure> 标签和<figcaption>标签的使用。

代码如下：

```
<figure>
    <figcaption>苏轼生平</figcaption>
    <img src="images/2-11.jpeg" alt="苏轼图像" align="right" />
    <p>苏轼（1037年—1101年），字子瞻，又字和仲，号铁冠道人、东坡居士，世称苏东坡、苏仙、坡仙。眉州眉山（今属四川省眉山市）人，祖籍河北栾城，北宋文学家、书法家、画家，历史治水名人。父为苏洵，弟为苏辙，父子三人并称"三苏"。
    </p>
</figure>
```

运行效果如图2-8所示。

<figcaption> 标签为<figure>标签组添加标题"苏轼生平"，它包含在<figure>标签中，并且在<figure>标签组中只能使用一个<figcaption>标签。

图2-8 \<figure\> 标签和\<figcaption\>
标签实例运行效果图

（二）\<hgroup\>标签

\<hgroup\>标签用于将多个标题（主标题和副标题或者子标题）组成一个标题组，它可以包含多个标题标签，将网页标题更好地组织起来，使网页结构更加清晰，增强了网页排版的可读性，并且可以提高网站的搜索引擎优化。例如：一个新闻网站上，可以通过\<hgroup\>标签将文章标题、发布日期、作者放在一起。

基本语法格式：

```
<hgroup>
    <h1>主标题</h1>
    <h2>副标题1</h2>
    <h3>副标题2</h3>
</hgroup>
```

说明：

①一般将\<hgroup\>标签放在header元素中。

②如果在页面头部、文章头部、章节或者分段分块的头部，至少有两个主题标签，才可以使用\<hgroup\>标签，如果只有一个主题标签，则不需要使用。

【实例2-8】\<hgroup\>标签的使用。

代码如下：

```
<body>
    <hgroup>
    <h1>古诗词</h1>
    <h2>唐诗</h2>
    </hgroup>
    <p><img src="images/2-12-1.png" alt="李白图像" align="right"/>
    唐诗，泛指唐朝诗人创作的诗，为唐代文人之智慧佳作。唐诗是中华民族珍贵的文化遗产之一，
    是中华文化宝库中的一颗明珠，同时也对世界上许多国家的文化发展产生了很大影响，
    对于后人研究唐代的政治、民情、风俗、文化等都有重要的参考意义。主要代表人物李白。</p>
</body>
```

运行效果如图2-9所示。

在这里使用了<hgroup>标签将"古诗词"和"唐诗"放在一起组成一个标题组。

六、页面交互性标签

交互性标签主要用于功能性的内容表达，会有一定的内容和数据的关联，是各种事件的基础，主要包括<details>标签、<summary>标签、<menu>标签、<commond>标签等。下面以<details>标签和<summary>标签为例进行介绍。

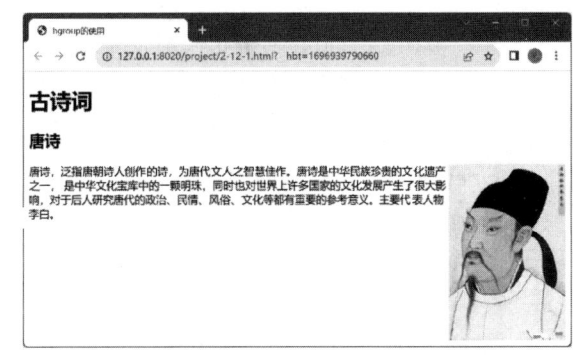

图2-9　<hgroup>标签实例运行效果图

<details>标签用于描述文档或文档某个部分的细节。<summary>标签经常与<details>标签配合使用，作为<details>标签的第一个子标签，用于为<details>定义标题。标题是可见的，当用户单击标题时，会显示或隐藏<details>中的其他内容。

【实例2-9】<details>标签和<summary>标签的使用。

代码如下：

```
<body>
    <details>
        <summary>李白的诗</summary>
        <h2>望庐山瀑布</h2>
        <h3>唐　李白</h3>
        <p><img src="images/2-12-1.png" alt="李白图像" /></p>
        <p>日照香炉生紫烟，遥看瀑布挂前川。</p>
        <p>飞流直下三千尺，疑是银河落九天。</p>
    </details>
    <details>
        <summary>苏轼的词</summary>
        <h2>水调歌头·明月几时有</h2>
        <h3>宋　苏轼</h3>
        <p><img src="images/2-11.jpeg" alt="苏轼图像" /></p>
        <p>明月几时有？把酒问青天。</p>
        <p>不知天上宫阙，今夕是何年。</p>
        <p>我欲乘风归去，又恐琼楼玉宇，高处不胜寒。</p>
        <p>起舞弄清影，何似在人间。</p>
        <p>转朱阁，低绮户，照无眠。</p>
```

```
            <p>不应有恨，何事长向别时圆？</p>
            <p>人有悲欢离合，月有阴晴圆缺，此事古难全。</p>
            <p>但愿人长久，千里共婵娟。</p>
        </details>
</body>
```

点击如图2-10中"李白的诗"，展开后效果如图2-11所示。

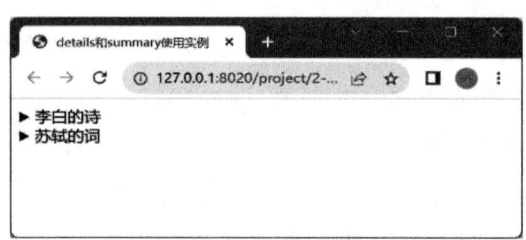

图2-10　<details>标签和<summary>标签运行效果

图2-11　点击后的效果图

七、行内语义性标签

（一）<progress>标签

<progress>标签表示任务的进度或进程。

基本语法格式：

```
<progress value="数值" max="数值"></progress>
```

说明：

①<progress>元素的常用属性值有两个，value表示已经完成的工作量，max表示总共有多少工作量。需要注意的是，value和max属性的值必须大于0，且value属性的值要小于或等于max属性的值。

②一般<progress>标签与JavaScript一同使用来显示任务的进度。

③<progress>标签不适合用来表示度量衡（例如：磁盘空间使用情况或查询结果）。

④Internet Explorer 9以及更早的版本不支持<progress>标签。

【实例2-10】使用<progress>标签制作进程条。

代码如下：

```
<!DOCTYPE HTML>
<html>
    <head>
        <meta charset="UTF-8">
        <title>progress的实例</title>
    </head>
    <body>
        下载进度：<progress value="30" max="100">
        </progress>
    </body>
</html>
```

（二）<meter>标签

<meter>标签定义度量衡，为已知范围或分数值内的标量测量，也被称为 gauge（尺度）。例如：显示硬盘容量、对某个选项的比例统计等，都可以使用<meter>标签，该标签的常用属性如表2-7所示。

表2-7 <meter>标签的常用属性

属性	描述
value	定义度量的值
min	定义最小值，默认值是0
max	定义最大值，默认值是1
low	定义度量的值位于哪个点被界定为低的值
high	定义度量的值位于哪个点被界定为高的值
optimum	定义什么样的度量值是最佳的值。如果该值高于high属性的值，则意味着值越高越好。如果该值低于low属性的值，则意味着值越低越好

【实例2-11】<meter>标签的使用。

代码如下：

```
<!DOCTYPE HTML>
<html>
    <head>
        <meta http-equiv="Content-Type" content="text/html; charset=utf-8">
        <title><meter>标签的使用</title>
    </head>
```

```
<body>
  小斌<meter value="148" min="0" max="160" low="20" high="110" optimum="120">
  </meter>
</body>
</html>
```

运行后效果如图2-12所示。

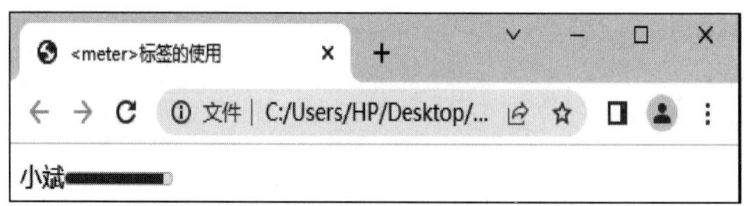

图2-12　<meter>标签使用运行效果图

注意：Firefox、Chrome、Opera 以及 Safari 6浏览器支持 <meter> 标签，而IE浏览器不支持该标签。

任务实现　人物简介网页结构制作

一、任务解析

这是一个较简单的人物介绍网页，首先做出网页基本的结构布局，了解网页结构后，综合所学的基本HTML标签，完成宋代词人李清照的人物介绍网页。网页基本的结构布局如图2-13所示。

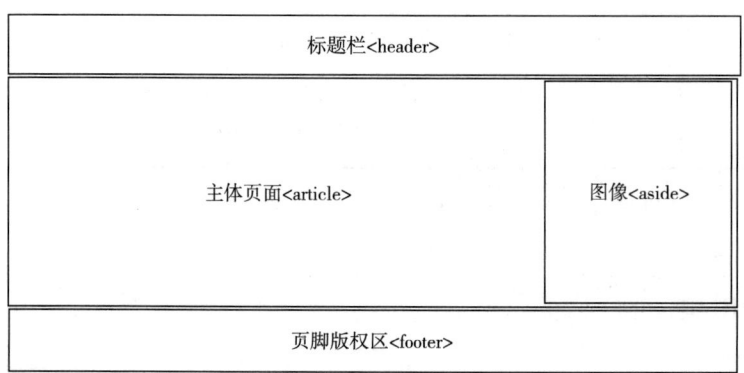

图2-13　人物简介网页布局

二、具体实现

在HTML文档中的代码如下：

```html
<!DOCTYPE HTML>
<html>
    <head>
        <meta charset="utf-8"/>
        <title>诗人李清照个人介绍</title>
    </head>
    <body>
        <header>
        <h2>诗人李清照个人介绍</h2>
        <header>
        <hr size="2" >
        <article>
        <p>李清照（1084 年 3 月 13 日—1155 年），号易安居士，齐州章丘（今山东省济南市章丘区）人。宋代婉约派代表词人，有"千古第一才女"之称。
            <img src="images/2-9-1.jpg" align="right" hspace="10px"/> </p>
            <p>李清照出身于书香门第，早期生活优裕，其父李格非藏书甚富。她小时候就在良好的家庭环境中打下文学基础，
                出嫁后与丈夫赵明诚共同致力书画金石的搜集整理。金兵入据中原时，流寓南方，境遇孤苦。绍兴二十五年（1155年）去世。
                李清照所作词，前期多写悠闲生活，后期悲叹身世，情调感伤。艺术上，善用白描手法，自辟途径，语言清丽。论词强调协律，崇尚典雅，
                提出词"别是一家"之说，反对以作诗文之法作词。能诗，留存不多，部分篇章感时咏史，情辞慷慨，与其词风不同。
                作品有《李易安集》《易安居士文集》《易安词》，已散佚。后人辑有《漱玉集》《漱玉词》。今有《李清照集》辑本。</p>
            <p>李清照主要成就在于文学上，她工诗善文，更擅长词。李清照词，人称"易安词""漱玉词"，以其号与集而得名。《易安集》《漱玉集》，宋人早有著录。其词据今人所辑约有 45 首，另存疑 10 余首。她的《漱玉词》男性亦为之惊叹。她不但有高深的文学修养，而且有大胆的创造精神。
                    从总的情况看，她的创作内容因她在北宋和南宋时期生活的变化而呈现出前后期不同的特点。</p>
        <article>
        <br />
        <hr size="2" >
        <footer>
        <p align="center">&copy;2023 网页基础设计教程  建议分辨率：1280&times;720</p>
         <footer>
    </body>
</html>
```

运行效果如图2-14所示。

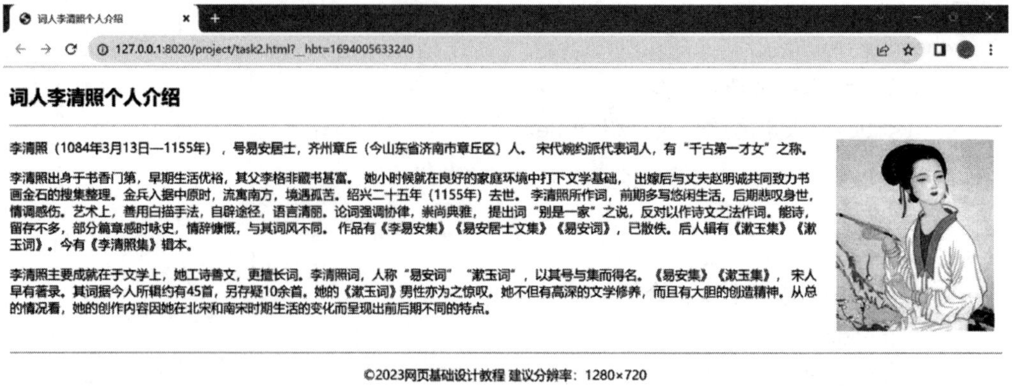

图2-14 人物介绍网页

知识拓展

为了使HTML页面中的文本更加形象生动，突出一些文本的特效，我们可以学习以下特殊标签：<ruby>标签、<mark>标签、<cite>标签。

一、<ruby>标签

<ruby>标签定义ruby 注释（中文注音或字符），主要用于东亚语言，显示字符的发音，与<ruby>以及<r>标签一同使用。

ruby 元素由一个或多个字符（需要一个解释/发音）和一个提供该信息的rt元素组成，还包括可选的rp元素，定义当浏览器不支持ruby元素时显示的内容。

【实例2-12】<ruby>标签的使用。

代码如下：

```
<!DOCTYPE HTML>
    <html>
        <head>
            <meta charset="utf-8"/>
            <title>ruby标签实例</title>
        </head>
        <body>
            <ruby>垚<rt>yao</rt></ruby>
        </body>
    </html>
```

运行效果如图2-15所示。

通过图2-15可以看出使用<rudy>标签后，在"垚"字的上方添加了拼音"yao"。

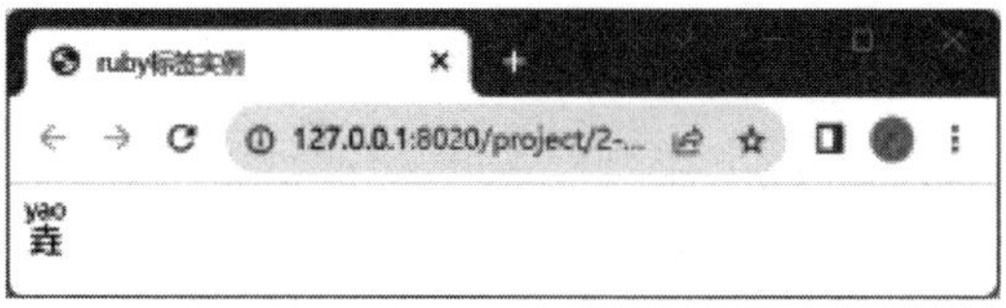

二、<mark>标签

<mark>标签的主要功能是在文本中高亮显示某些字符，以引起用户注意。

【实例2-13】<mark>标签的使用。

代码如下：

```
<!DOCTYPE HTML>
    <html>
        <head>
            <meta charset="utf-8"/>
            <title>mark标签实例</title>
        </head>
        <body>
            <h2>春节习俗</h2>
            <p>传说，年兽害怕红色、火光和爆炸声，而且通常在大年初一出没，
                所以每到大年初一这天，人们便有了<mark>拜年、贴春联、挂年画、贴窗花、放爆竹、发红包、穿新衣、吃饺子、守岁、舞狮舞龙、挂灯笼、磕头</mark>
                等活动和习俗。</p >
        </body>
    <html>
```

图2-15 <ruby>标签的使用效果

运行效果如图2-16所示。

实例中使用了<mark>标签，将需要用户重点注意的内容进行了高亮显示，可以更加突出重点。

三、<cite>标签

<cite>标签通常表示它所包含的文本对某个参考文献的引用，如书籍或者杂志的标题。用<cite>标签可把指向其他

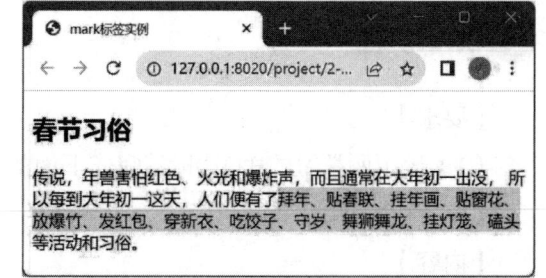

图2-16 <mark>标签的使用效果

文档的引用分离出来，尤其是分离那些传统媒体中的文档，如书籍、杂志、期刊等。

【实例2-14】<cite>标签的使用。

代码如下：

```html
<!DOCTYPE HTML>
    <html>
        <head>
            <meta charset="UTF-8">
            <title>cite标签实例</title>
        </head>
        <body>
            <p>生当作人杰，死亦为鬼雄。</p>
            <cite>--宋 李清照《夏日绝句》</cite>
        </body>
    </html>
```

运行效果如图2-17所示。

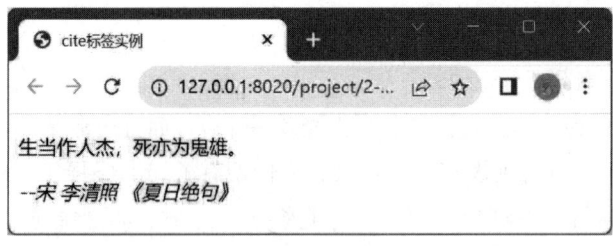

图2-17　<cite>标签的使用效果

在该实例中使用了<cite>标签，标注了诗句的作者及该诗句的出处，便于浏览器的解析及搜索引擎的抓取。

知识巩固

【要求】

（1）运用所学习的HTML标签完成下面的网页。

（2）网页布局要合理。

【内容】

（1）图像1.jpg在文件夹img中。

（2）文本在文件text.txt中。

使用上述资料完成如图2-18所示网页。

春夜喜雨

作者：杜甫

好雨知时节，当春乃发生。

随风潜入夜，润物细无声。

野径云俱黑，江船火独明。

晓看红湿处，花重锦官城。

作者简介及创作背景

　　杜甫（712-770），字子美，自号少陵野老，世称"杜工部"、"杜少陵"等，汉族，河南府巩县（今河南省巩义市）人，唐代伟大的现实主义诗人，杜甫被世人尊为"诗圣"，其诗被称为"诗史"。杜甫与李白合称"李杜"，为了跟另外两位诗人李商隐与杜牧即"小李杜"区别开来，杜甫与李白又合称"大李杜"。他忧国忧民，人格高尚，他的约1400余首诗被保留了下来，诗艺精湛，在中国古典诗歌中备受推崇，影响深远。759-766年间曾居成都，后世有杜甫草堂纪念。

　　这首诗当作于唐肃宗上元二年（761）春。杜甫在经过一段时间的流离转徙的生活后，终因陕西旱灾而来到四川成都定居，开始了在蜀中的一段较为安定的生活。作此诗时，他已在成都草堂居住一年。他亲自耕作，种菜养花，与农民交往，对春雨之情很深，因而写下了这首描写春夜降雨、润泽万物的美景诗作。

整体赏析

　　这是描绘春夜雨景，表现喜悦心情的名作。一开头就用一个"**好**"字赞美"**雨**"。在生活里，"好"常常被用来赞美那些做好事的人。如今用"好"赞美雨，已经会唤起关于做好事的人的联想。接下去，就把雨拟人化，说它"知时节"，懂得满足客观需要。其中"知"字用得传神，简直把雨给写活了。春天是万物萌芽生长的季节，正需要下雨，雨就下起来了。它的确很"好"。

　　这首诗从夜晚写到天明，而着重在夜晚。诗人居然伸手不见五指的黑夜和"润物细无声"的春雨写得这样真切入微，可触可感，其艺术表现力之强，只有王维《冬晚对雪忆胡居士家》"隔牖风惊竹，开门雪满山"差可比拟。王维写夜雪，杜甫写夜雨，各臻其妙，但都能在难下笔处写出水平来，足见他们功夫之深。杜"随风"联、王"隔牖"联，都是流水对。流水对以属对工整又一气呵成为工，此二联旗鼓相当，堪为典范。

Copyright © 2007--2023 中国古诗文网 保留所有权利 站务合作：service@aguanjie.com

图2-18　网页效果图

任务三　运用CSS3美化网页

👆 学习目标

知识目标：掌握CSS3样式的定义和使用；
　　　　　　掌握基础选择器的使用；
　　　　　　掌握CSS3中与文本有关的样式属性；
　　　　　　理解层叠性和继承性。
技能目标：能够合理地使用CSS3中文本样式属性美化网页；
　　　　　　能够灵活使用所学习的选择器美化网页。

👆 任务描述　人物简介网页样式设置

通过前面HTML5标签的学习，小斌已经可以制作简单的网页了，但是他发现HTML5标签只是解决了网页的基本结构，如果要使网页更加美观，又如何实现呢？小斌通过询问AI平台才知道，他需要学习CSS3来给网页的标签添加样式，就能够灵活、高效地控制网页的外观了。所以，小斌要通过学习CSS3对任务二的人物介绍网页进行美化。

👆 知识准备

一、认识CSS3

使用HTML标签属性对网页进行修饰存在很大的局限和不足，如网站维护困难、不利于代码阅读等。如果希望网页美观、大方，并且升级轻松、维护方便，就需要使用CSS将网页的HTML结构和网页的样式分离。

CSS 英文全称为Cascading Style Sheet，中文译为"层叠样式表"。CSS以 HTML为基础，提供了丰富的功能，如字体、颜色、背景的控制及整体排版等，而且可以针对不同的浏览器设置不同的样式。虽然CSS已经出现很多年了，目前流行的浏览器仍然没有以完全相同的方式对它进行支持。本任务重点讨论主流浏览器中提供较好支持的那部分CSS。

CSS3是CSS技术的升级版本，CSS3的语法是建立在CSS原始版本基础上的，因此旧版本的CSS属性在CSS3版本中依然适用。同时，新版本CSS3中增加了很多新样式，如圆角效果、块阴影与文字阴影、使用RGBA实现透明效果、渐变效果、多背景图、文字或图像的变形处理（旋转、缩放、倾斜、移动）等。

使用CSS样式的好处有很多，以下是一些主要的优点：更多排版和页面布局控制；实现了样式和结构分离；样式可以独立存储，修改样式的时候可以不用修改网页代码；网页文档变得更小，网站维护更容易，样式更加灵活。

二、CSS3核心基础

（一）CSS3样式规则

CSS样式规则由选择器和声明两部分组成。

基本语法格式如下：

```
选择器{属性1:属性值1; 属性2:属性值2; 属性3:属性值3; …… }
```

说明：

①选择器是标识已设置格式元素的术语，大括号内是对元素设置的具体样式。选择器命名统一使用英文、英文简写或者统一使用拼音。选择器命名尽量不缩写，除非是一看就懂的单词。

②CSS样式中的选择器严格区分大小写，属性和属性值不区分大小写，按照书写习惯一般将"选择器、属性和属性值"都采用小写形式。

③声明用于定义属性样式，它由属性和属性值两部分组成，属性和属性值用英文冒号"："链接，一个声明中可以定义多个属性。

④多个属性之间必须用英文状态下的"；"隔开，最后用的分号可以省略，但是为了便于增加新样式最好保留。

⑤如果属性值由多个单词组成且中间包含空格，则必须为这个属性值加上英文状态下的引号。

如示例所示：

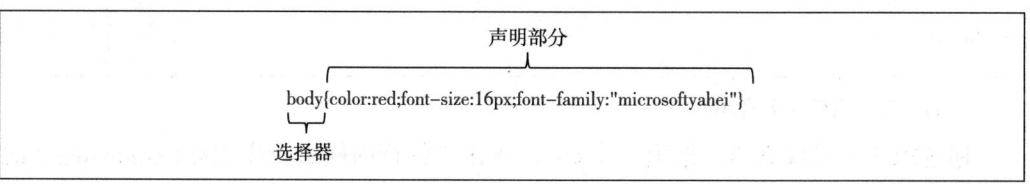

通过示例可以看出，body是选择器，大括号内是整个声明部分，由三个属性颜色

（color）、字体类型（font-family）、字体大小（font-size）及其它们的值组成。其中，字体类型属性的值中含有空格，所以字体样式的值加上英文状态下的引号。

（二）CSS3样式表的使用

想要使用CSS修饰网页，就需要在HTML文档中插入CSS样式表。CSS提供了3种插入样式表的方法，分别为行内样式表、内部样式表、外部样式表。下面分别进行介绍。

1. 行内样式表

行内样式表也称为内联样式，是通过标签的styles属性来设置标签的样式。

基本语法格式：

```
<标签名 style="属性1:属性值1; 属性2:属性值2; 属性3：属性值3; ">内容</标签名>
```

说明：

①任何HTML标签都有style属性，用来设置行内样式。

②行内样式中属性和属性值的书写规范与CSS样式规则一致。

③行内样式只对其所在的标签及嵌套在其中的子标签起作用。

下面通过实例展示如何在HTML文档中使用行内样式表。

【实例3-1】利用行内样式表定义<p>标签的字体为红色，字体类型为微软雅黑，大小为16像素。

代码如下：

```
<!DOCTYPE HTML>
<html>
    <head>
        <meta charset="utf-8"/>
        <title>行内样式实例</title>
    </head>
    <body>
        <p style="color: red;font-family:'微软雅黑';font-size: 16px;">这是使用行内样式定义的实例</p>   <!—定义<p>标签行内样式— >
        <p>字体颜色为红色</p>
        <p>字体类型为微软雅黑，大小为16像素</p>
    </body>
</html>
```

运行效果如图3-1所示。

通过图3-1可以看出，给第一个<p>标签定义的行内样式只作用在该<p>标签下的所有内容上，其他的<p>标签样式并没有受到影响。

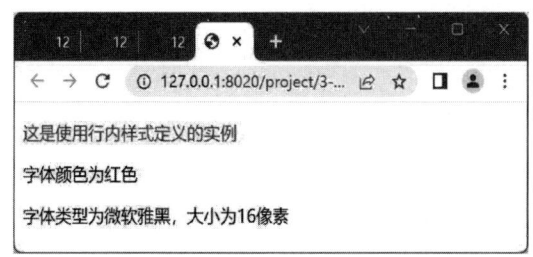

图3-1 行内样式运行效果图

由于行内样式是通过标签的属性来控制，没有做到结构与样式相分离，所以这种方法很少使用。只有在样式规格较少且只在该元素上使用一次，或者需要临时修改某个样式规则时使用。

> **小试身手**
>
> 使用行内样式表将古诗"春眠不觉晓，处处闻啼鸟。夜来风雨声，花落知多少。"定义为"color: red;font-family:'微软雅黑';font-size: 16px;"。

2. 内部样式表

内部样式表是将CSS代码集中写到HTML文档的<head>头部标签中的方式，它在头部使用<style>标签定义。

基本语法格式：

```
<head>
    <style type="text/css">
        选择器{属性1:属性值1; 属性2:属性值2; 属性3:属性值3;}
    </style>
</head>
```

说明：

<style>标签中必须设置type属性的值为"text/css"，这样浏览器才知道<style>标签包含的是CSS代码。

<style>标签一般位于<head>标签中的<title>标签之后，由于浏览器是从上到下解析代码的，把CSS代码放在头部有利于下载和解析，从而可以避免网页内容下载后没有样式修饰带来的问题。

下面通过实例展示如何在HTML文档中使用内部样式表。

【实例3-2】利用内部样式表定义<p>标签的字体为红色，字体类型为微软雅黑，大小为16像素。

代码如下：

```
<!DOCTYPE HTML>
<html>
    <head>
        <meta charset="utf-8"/>
        <title>内部样式表的使用</title>
        <style>
            p{                      /*内部样式表定义<p>标签的样式*/
                color: red;
                font-family: '微软雅黑';
                /font-size: 16px;
            }
        </style>
    </head>
    <body >
        <p>这是使用内部样式表定义的实例</p>
        <p>字体颜色为红色</p>
        <p>字体类型为微软雅黑，大小为16像素</p>
    </body>
</html>
```

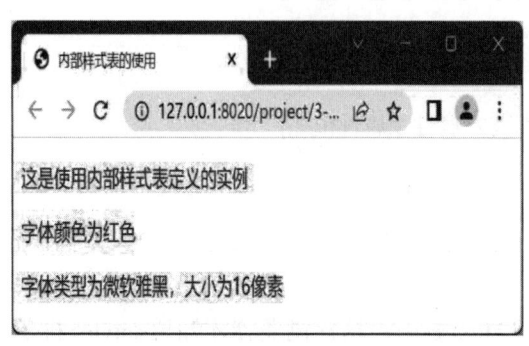

图3-2 内部样式表运行效果图

运行效果如图3-2所示。

通过图3-2可以看出，所有的<p>标签都使用了给<p>标签定义的样式，这说明在整个HTML文档中的<p>标签都可以使用内部样式表。

说明：

内部样式表将网页的结构和样式进行了不完全的分离，它只对其所在的当前HTML网页有效，因此只需要给一张网页定义样式时，可以选用内部样式表。但是内部样式表不能够使CSS代码在多个相似网页中重复使用，体现不出CSS代码重用性的优点。

小试身手

使用内部样式表将古诗"春眠不觉晓，处处闻啼鸟。夜来风雨声，花落知多少。"定义为"color: red;font-family: '微软雅黑'; font-size: 16px;"。

3. 外部样式表

外部样式表是将所有的样式放在一个或多个以.css为扩展名的外部样式表文件中，它可以在任何文本编辑器中编写。必须通过<link/>标签将外部样式表文件链接到HTML文档中。

基本语法格式：

```
<head>
    <link href="CSS文件的路径" type="text/css" rel="stylesheet"/>
</head>
```

说明：

<link/>标签需要放在<head>头部标签中，并且必须指定<link />标签的3个属性。

①href：定义所链接外部样式表文件的URL，可以是相对路径，也可以是绝对路径。

②type：定义所链接文档的类型，在这里需要指定为"text/css"，表示链接的外部文件为CSS样式表。

③rel：定义当前文档与被链接文档之间的关系，在这里需要指定为stylesheet，表示被链接的文档是一个样式表文件。

下面通过实例展示如何在HTML中使用外部样式表。

【实例3-3】利用外部样式表定义<p>标签的字体为红色，字体类型为微软雅黑，大小为16像素。

代码如下：

```
<!DOCTYPE HTML>
<html>
    <head>
        <meta charset="utf-8"/>
        <title>外部样式表的使用</title>
        <link type="text/css"href="css/3-3.css" rel="stylesheet" />
                <!—-调用外部样式表3-3.css-—>
    </head>
    <body>
        <p>这是使用外部样式表定义的实例</p>
        <p>字体颜色为红色</p>
        <p>字体类型为微软雅黑，大小为16像素</p>

    </body>
</html>
```

CSS文档3-3.css代码如下：

```
p{
        color: red;
        font-family: "微软雅黑";
        font-size: 16px;
}
```

说明：

在HTML文档中通过<link>标签链接了3-3.css文档来定义<p>标签的样式。这个3-3.css文档脱离了HTML文档，它可以被不同的HTML文档使用，同时一个HTML文档也可以通过多个<link>标签链接多个CSS样式表，实现了结构与样式的完全分离，便于后期的维护工作。

运行效果如图3-3所示。

通过图3-3可以看出，使用外部样式表与使用内部样式表运行效果一样，但是外部样式表是在浏览器解析时，将3-3.css链接到HTML文档，它脱离了HTML文档。

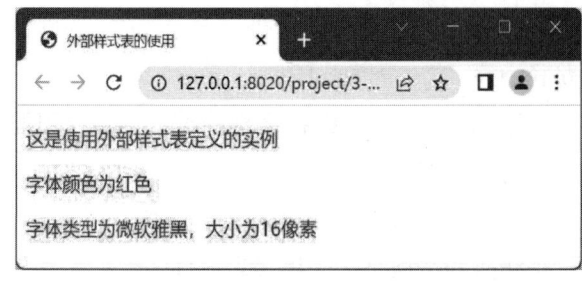

图3-3　外部样式表运行效果图

> 小试身手
>
> 使用外部样式表将古诗"春眠不觉晓，处处闻啼鸟。夜来风雨声，花落知多少。"定义为"color: red;font-family: '微软雅黑';font-size: 16px;"。

（三）CSS3基础选择器

选择器是用于告诉浏览器哪个HTML元素应当是被选为应用CSS规则中的属性值的方式。根据作用的不同选择器又分为标签选择器、类选择器、id选择器、标签指定选择器、后代选择器、群组选择器、通配符选择器。下面具体讲解各个选择器。

1. 标签选择器

标签选择器是指用HTML标签名称作为选择器，按标签名称分类，为页面中某一类标签指定统一的CSS样式。

基本语法格式：

标签名{属性1：属性值1；属性2：属性值2；属性3：属性值3；}

说明：

标签选择器是指用HTML标签名称作为选择器，HTML中的所有标签都可以作为标签选择器。

用标签选择器定义的样式对于页面中该类型的所有标签都有效。

例如：实例 3-2 和实例 3-3 中就是使用p选择器定义了HTML文档中所有段落文本样式。

下面通过实例学习标签选择器的使用。

【实例 3-4】利用标签选择器定义古诗词《满江红》的样式，要求：题目定义为蓝色，黑体，18像素；作者定义为棕色，楷体，13像素；正文定义为棕色，仿宋，18像素。

<style>标签中样式表定义的核心代码如下：

```css
h3{
    color: blue;
    font-family: 黑体;
    font-size: 18px;
}
h4{
    color: brown;
    font-family: 楷书;
    font-size: 13px;
}
p{
    color: brown;
    font-family: 仿宋;
    font-size: 18px;
}
```

<body>标签中HTML结构核心代码如下：

```html
<body>
        <h3>满江红</h3>
        <h4>宋 岳飞</h4>
        <p>怒发冲冠，凭阑处、潇潇雨歇。</p>
        <p>抬望眼，仰天长啸，壮怀激烈。</p>
        <p>三十功名尘与土，八千里路云和月。</p>
        <p>莫等闲，白了少年头，空悲切。</p>
</body>
```

运行效果如图3-4所示。

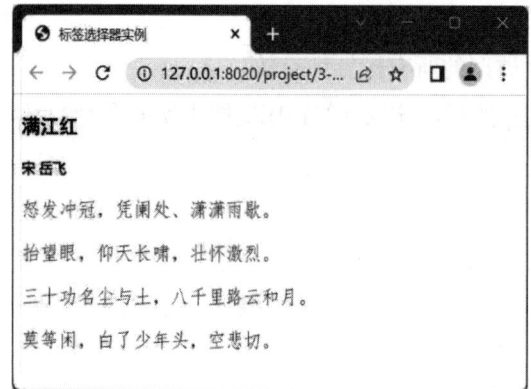

图3-4 标签选择器的运行效果

通过图3-4可以看出，网页中使用了三种不同的样式，其中<p>标签全部使用了p选择器定义的样式。所以标签选择器的最大优点是能够为页面中同类型的标签统一样式，同时这也是它的最大缺点，即不能够差异化同类标签。

2. 类选择器

类选择器能够给同类型的标签定义差异化的样式。定义类选择器是，在自定义的类名前面添加一个英文的"."号。

基本语法格式：

.类名{属性1:属性值1; 属性2:属性值2; 属性3:属性值3; }

说明：

类名不能用数字开头，并且严格区分大小写，一般采用小写的英文字符。

类选择器使用是通过标签的class属性，即在标签中使用class="类名"。

同一个HTML标签可以应用多个类选择器，多个类名之间需要用空格分开，即标签中使用class="类名1 类名2"。

下面通过实例学习类选择器的使用。

【实例3-5】利用类选择器定义古诗词《满江红》的样式，要求：题目定义为蓝色，黑体，20像素；作者定义为棕色，楷体，13像素；正文第一、三段定义为棕色，仿宋，18像素。第二、四段定义为绿色，微软雅黑，20像素。

<style>标签中样式表定义的核心代码如下：

```
.title{
    color: blue;
    font-family: 黑体;
    font-size: 20px;
}
.author{
    color: brown;
    font-family: 楷书;
    font-size: 13px;
}
```

```css
.browntext{
    color: brown;
    font-family: 仿宋;
    font-size: 18px;
}
.greentext{
    color:green;
    font-family: 微软雅黑;

}
.font1{
font-size: 20px;
}
```

<body>标签中HTML结构核心代码如下：

```html
<!DOCTYPE HTML>
<html>
    <head>
            <meta charset="utf-8"/>
            <title>外部选择器实例</title>
            <link type="text/css" href="css/3-5.css"rel="stylesheet"/>
    </head>
    <body>
            <h3 class="title">满江红</h3>
            <h4 class="author">宋  岳飞</h4>
            <p class="browntext">怒发冲冠，凭阑处、潇潇雨歇。</p>
            <p class="greentext font1">抬望眼，仰天长啸，壮怀激烈。</p>
            <p class="browntext">三十功名尘与土，八千里路云和月。</p>
            <p class="greentext font1">莫等闲，白了少年头，空悲切。</p>

    </body>
</html>
```

运行效果如图3-5所示。

通过图3-5可以看出，段落文本第一、三段是一种样式，第二、四段是一种样式，并且第二、四段的class属性值使用了两个选择器，即class="greentext font1"。所以，类选择器的最大优势是可以为标签灵活地定义样式。

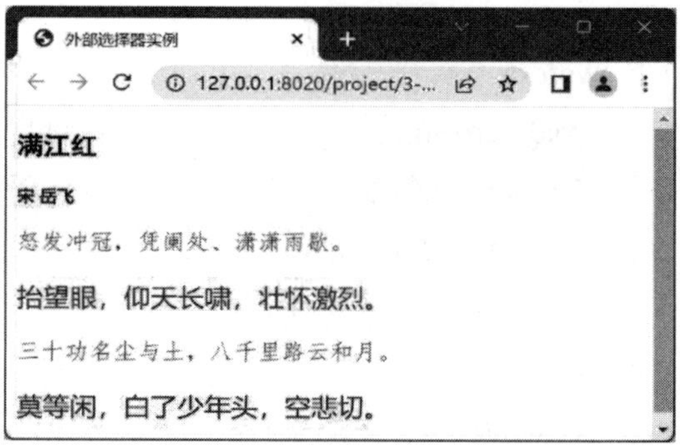

3. id选择器

id选择器用来对某个单一元素定义单独的样式。在自定义的类名前面添加一个英文的"#"号。

图3-5　类选择器的运行效果图

基本语法格式：

#id名{属性1:属性值1; 属性2:属性值2; 属性3:属性值3;}

说明：

id名不能用数字开头，并且严格区分大小写，一般采用小写的英文字符。id选择器的使用是通过标签的id属性，即在标签中使用id="id名"。标签的id值是唯一的，只能对应于文档中某一个具体的标签。

下面通过实例学习id选择器的使用。

【实例3-6】利用id选择器定义简单的实例的样式，并存储在外部样式表3-6.css中。

<style>标签中样式表定义的核心代码如下：

```
#title{
    color: blue;
    font-family: 黑体;
    font-size: 20px;
}
#text{
    color: brown;
    font-family: 仿宋;
    font-size: 18px;
}
#font1{
    font-size: 20px;
}
```

<body>标签中HTML结构核心代码如下：

```
<!DOCTYPE HTML>
<html>
    <head>
        <meta charset="utf-8"/>
        <title>id选择去实例</title>
        <link type="text/css" rel="stylesheet" href="css/3-6.css" />
    </head>
    <body>
        <h3 id="title">这是标题</h3>
        <p id="text">这是段落 1</p>
        <p id="text font1">这是段落 2</p>
    </body>
</html>
```

运行效果如图 3-6 所示。

通过图 3-6 可以看出，第一行使用了id选择器title中的样式，第二行使用了id选择器text中的样式，但是第三行使用的是<p>标签的默认样式，因为id选择器不支持像类选择器那样可定义多个值，所以HTML文档中第二个<p>标签的id="text font1"的写法是错误的。

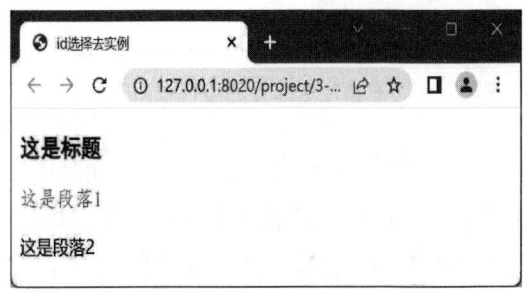

图 3-6 Id选择器的运行效果

4. 标签指定选择器

标签指定选择器又称交集选择器，由两个选择器构成，其中第一个为标签选择器，第二个为class选择器或id选择器，两个选择器之间不能有空格。

基本语法格式：

标签名.类名{属性1:属性值1; 属性2:属性值2; 属性3:属性值3;}
标签名#id名{属性1:属性值1; 属性2:属性值2; 属性3:属性值3;}

下面通过实例学习标签指定选择器。

【实例3-7】利用标签指定选择器定义段落的样式。

<style>标签中样式表定义的核心代码如下：

```
<style type="text/css">
p{ color:blue;}
```

```
p.special{ color:red;}   /*标签指定式选择器*/
.special{ color:green;}
</style>
```

<body>标签中HTML结构核心代码如下：

```
<p>使用了p标签选择器</p>
<h3 class="special">使用了.special类选择器</h3>
<p class="special">使用了 p.special标签指定选择器</p>
```

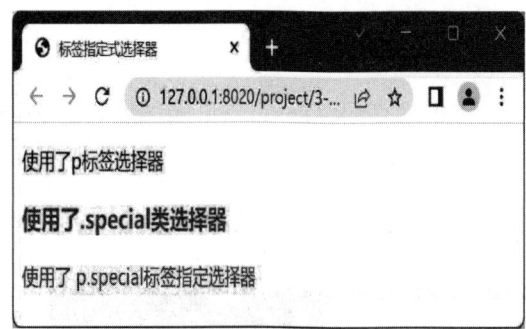

图3-7　标签指定选择器的运行效果图

运行效果如图 3-7 所示。

通过图 3-7 可以看出，第三行字体是红色，因为p.special定义的样式只适用于<p class="special">。所以，使用标签指定选择器，必须在指定的标签下，使用指定的类选择器或id选择器。

5. 后代选择器

后代选择器又称为包含选择器，用来选择元素或元素组的后代，其写法就是把外层标签写在前面，内层标签写在后面，中间用空格分隔。当HTML文档中标签发生嵌套时，内层标签就成为外层标签的后代。可以定义后代选择器来创建一些规则，使这些规则在某些文档结构中起作用，而在另外一些结构中不起作用。

有关后代选择器有一个易被忽视的方面，即两个元素之间的层次间隔可以是无限的。例如：选择器为h1 em，就会选择从 h1 元素继承的所有 em 元素，而不论 em 的嵌套层次多深。

下面通过实例学习后代选择器。

【实例3-8】利用后代选择器，希望只对 h1 元素中的 em 元素应用字体颜色（color）为红色的样式。

<style>标签中样式表定义的核心代码如下：

```
<style type="text/css">
h1 em {color:red;}
</style>
```

<body>标签中HTML结构核心代码如下：

```
<h1><ins>这是一个<em>重要</em>的标题</ins></h1>
<p>这是一个<em>重要</em>的段落</p>
```

运行效果如图3-8所示。

通过图3-8可以看出，<p>标签的后代<em>标签没有使用样式，因为这个<em>标签不是<h1>标签的后代。此时可以利用后代选择器，改变<h1>标签的后代<em>标签的样式。需要注意的是，虽然<em>标签嵌套在第三层，但它还是<h1>标签的后代，因此样式同样会生效。

图3-8　后代选择器的运行效果

> **涨知识**
>
> 后代选择器不止限于使用两个标签，如果需要加入更多的标签，只需要在标签之间加上空格就可以。例如：在上例中<em>标签中嵌套<strong>标签，并定义它的样式，就可以使用选择器"h1 em strong"。

6. 群组选择器

群组选择器是各个选择器通过逗号连接而成的，任何形式的选择器（包括标签选择器以及id选择器等）都可以作为群组选择器的一部分。如果某些选择器定义的样式完全相同或部分相同，就可以利用群组选择器为它们定义相同的CSS样式。这样可以将某些类型的样式"压缩"在一起，得到更简洁的样式表。注意各选择器之间一定要用逗号连接；可以将任意多个选择器分组在一起，对此没有任何限制。

下面通过实例学习群组选择器。

【实例3-9】利用群组选择器定义网页的样式，其中二级标题和三级标题以及段落字体的颜色（color）为红色，字体的类型（font-family）为仿宋，同时三级标题和两个段落字体的大小（font-size）为20像素。

<style>标签中样式表定义的核心代码如下：

```
<style type="text/css">
h2,h3,p{color:red; font-family: "仿宋";} /*不同标记组成的并集选择器*/
h3,.special,#e{font-size:20px} /*标记、类、id组成的的并集选择器*/
</style>
```

<body>标签中HTML结构核心代码如下：

```
<h2>二级标题文本。</h2>
<h3>三级标题文本,字体大小为20像素。</h3>
<p class="special">段落文本1，字体大小为20像素。</p>
<p>段落文本2，普通文本。</p>
<p id="e">段落文本3，字体大小为20像素。</p>
```

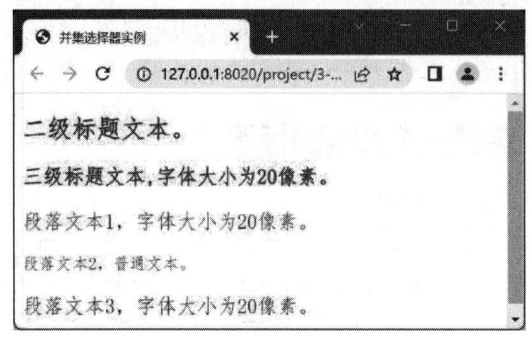

图3-9 群组选择器的运行效果图

运行效果如图3-9所示。

通过图3-9可以看出,网页中所有的字体颜色为红色,字体类型为仿宋,但是部分文本的字体大小设置为20像素。

7. 通配符选择器

通配符选择器用星号(*)表示,它是所有选择器中作用范围最广的,能匹配页面中所有的元素。其中"*"称为通配符,它表示所有元素。

基本语法格式:

* {属性1:属性值1; 属性2:属性值2; 属性3:属性值3;}

说明:

由于通配符选择器设置的样式对所有的HTML标签都生效,不论标签是否需要该样式,都会降低代码的解析速度,所以实际网页开发中不建议使用通配符选择器。

例如:下面的代码可以使文档中每个元素的字体都为红色。

*{color:red;}　　　　　/*定义字体的颜色*/

通常使用通配符选择器设置所有元素的外边距margin和内边距padding都为0像素。

```
*{
  margin:0px;          /*定义外边距*/
  padding:0px;         /*定义内边距*/
}
```

三、CSS3 文本样式

在任务二中,曾学习使用<font>文本样式标签及其属性控制文本的显示样式,但是这种方式没有实现结构与样式相分离,不便于后期的维护工作,也不利于样式代码的共享和移植。为此,CSS 提供了相应的文本设置属性。使用CSS可以更加灵活方便地控制文本样式,从而取代<font>文本样式标签。可以将常用的文本样式属性分为字体样式属性和文本外观属性。

(一)字体样式属性

CSS3 字体属性定义文本的字体系列、大小、加粗、风格(如斜体)和变形(如小型大写字母)。常用的字体属性如表3-1所示。

表3-1 字体常用属性

属性	描述
font-family	规定字体类型
font-size	规定字体大小
font-style	规定字体样式
font-weight	规定字体粗细
@font-face	允许网站下载和使用"网络安全"字体以外的其他字体的规则
word-wrap	允许长的、不能折行的文本或URL换到下一行
font-variant	设置小型大写字母的字体显示文本
font	在一个声明中设置所有字体属性

下面对这些属性进行具体的讲解。

1. 字体设置（font-family）

font-family属性用于设置字体。字体分为指定字体，即想要使用的字体；通用字体，即浏览器支持的网页通常使用的字体，网页中常用的字体有宋体、微软雅黑、黑体等。

基本语法格式：

```
font-family:字体1,字体2,字体3,……通用字体；
```

取值范围：中文字体族和英文字体族。

说明：

可以同时指定多个字体，中间以英文状态下的逗号隔开。一般规则将指定字体放置在前，通用字体作为最后字体，即字体属性值排列顺序就是字体使用优选表。如果浏览器不支持第一个字体，则会尝试下一个，直到找到合适的第一个字体为止。建议最后使用一个通用字体系列名作为字体的保障。

使用font-family属性需要注意：

①中文字体都要加英文状态下的引号，需要设置英文字体时，英文字体名必须位于中文字体名之前。

②字体名中包含空格或符号，则必须加英文状态下的双引号。

③尽量使用任何浏览器支持的通用字体，确保在任何浏览器都能正确显示字体。

【实例3-10】为段落设置想要使用的字体。

<style>标签中样式表定义的核心代码如下：

```
<style type="text/css">
        p{font-family: 华文彩云,草书,行书,仿宋;}  /*定义字体属性*/
</style>
```

<body>标签中HTML结构核心代码如下：

```
<p>字体使用顺序是华文彩云,草书,行书,仿宋</p>
```

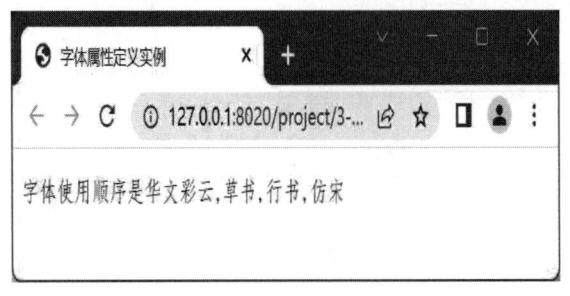

图3-10 font-family属性的

运行效果如图3-10所示。

通过图3-10可以看出，虽然给段落顺序定义了想要的字体，但是浏览器本身不能够识别这些字体，也没有指定字体下载路径，所以浏览器使用了它能够识别的仿宋体。

2. 字体大小(font-size)

该属性设置元素的字体大小。例如：前面实例中定义的p{font-size：16px;}。

基本语法格式：

```
font-size:字体大小的取值；
```

具体取值介绍如表3-2所示。

表3-2 字体的大小属性值

绝对取值	描述
xx-small	把字体的大小设置从 xx-small 到 xx-large中不同的大小 默认值：medium
x-small	
small	
medium	
large	
x-large	
xx-large	
length	设置为一个固定的值
相对取值	描述
smaller	设置为比父元素更小的尺寸
larger	设置为比父元素更大的尺寸
%	设置为基于父元素的一个百分比值

说明：

字体的取值可以使用绝对大小，也可以使用相对大小。绝对大小根据对象字体进行调节；相对大小则是相对于父元素中字体尺寸进行相对调节。

字体大小的单位最常使用的是px（像素），还可以使用in（英寸）、cm（厘米）、mm（毫米）、pt（点）及em（相对值）。

> **涨知识**
>
> 为了允许用户调整文本大小（在浏览器菜单中），许多开发人员使用相对值 em 作为尺寸单位而不是像素。1em 等于当前字体大小。浏览器中的默认文本大小为 16px。因此，默认大小 1em = 16px。可以使用这个公式从像素到 em 来换算尺寸大小：pixels/16=em。

3. 字体风格(font-style)

字体风格就是字体样式，主要用于设置字体是否为斜体。

基本语法格式：

```
font-style：属性值;
```

具体取值介绍如表3-3所示。

表3-3　字体样式属性值

属性值	描述
normal	为默认值，浏览器显示标准的字体样式
italic	浏览器会显示斜体的字体样式
oblique	浏览器会显示倾斜的字体样式

说明：

其中italic和oblique虽然含义不同，但在显示效果上没有本质区别，通常使用italic。

【实例3-11】为段落设置不同的字体风格。

<style>标签中样式表定义的核心代码如下：

```
<style type="text/css">     /*定义字体样式*/
    p.normal {font-style:normal}
    p.italic {font-style:italic}
    p.oblique {font-style:oblique}
</style>
```

<body>标签中HTML结构核心代码如下：

```
<p class="normal">这是值为 normal的字体样式。</p>
<p class="italic">这是值为 italic的字体样式。</p>
<p class="oblique">这是值为 oblique的字体样式。</p>
```

运行效果如图3-11所示。

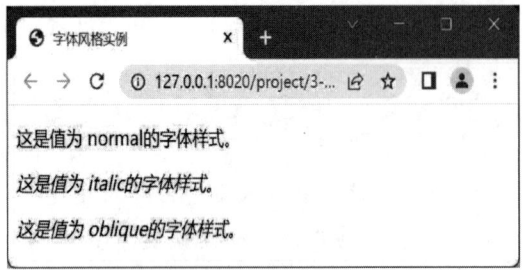

图3-11 字体风格的运行效果图

通过图 3-11 可以看出，italic 和 oblique 在显示效果上没有本质的区别。

4. 字体加粗(font-weight)

font-weighL 属性用于设置字体的粗细，实现对一些字体的加粗显示。

基本语法格式：

font-weight：属性值；

具体取值介绍如表 3-4 所示。

表3-4 字符加粗的属性值

属性值	描述
normal	默认值，定义标准的字符
bold	定义粗体字符
bolder	定义更粗的字符
lighter	定义更细的字符
Number（100~900）	定义由粗到细的数值

说明：

一般情况下取值都是整百的数，如 100、200 等。正常字体相当于取数值 400 的粗细；粗体则相当于取值数 700 的粗细。

实际项目开发中主要使用 normal 和 bold。

【实例3-12】将标题定义为不同粗细的样式。

<style>标签中样式表定义的核心代码如下：

```
<style type="text/css">     /*定义字体的粗细*/
    h3.normal {font-weight: normal}
    h3.fhundred{font-weight: 400;}
    h3.thick {font-weight: bold}
    h3.thicker {font-weight: 900}
    h3.lighter{font-weight: lighter;}
</style>
```

<body>标签中HTML结构核心代码如下：

```
<h3 class="normal">这是正常粗细为normal</h3>
<h3 class="fhundred">这是粗细为400</h3>
<h3 class="thick">这是粗细为bold</h3>
<h3 class="thicker">这是粗细为900</h3>
<h3 class="lighter">这是粗细为lighter</h3>
```

运行效果如图3-12所示。

通过图3-12可以看出，normal与取值数400字体的粗细一样。Bold与取值数900字体的粗细相差不多，lighter明显字体变细。

5. 添加字体(@font-face)

@font-face规则是CSS3的新增规则，用于定义服务器字体。通过@font-face规则，不必再担心浏览器是否能够识别所用字体，开发者可以在用户计算机未安装字体时，使用任何喜欢的字体。

图3-12 字体加粗运行效果

基本语法格式：

```
@font-face{
font-family：字体名称；
src：url(字体路径)；
}
```

说明：

font-family用于指定该服务器字体的名称，该名称可以随意定义；src属性用于指定该字体文件的路径。

【实例3-13】利用@font-face在网页中使用未安装的"方正舒体"字。

<style>标签中样式表定义的核心代码如下：

```
<style type="text/css">
@font-face{
        font-family:"方正舒体";    /*服务器字体名称*/
        src:url(font/FZSTK.TTF);    /*调用服务器的字体*/
    }
p{
        font-family:"方正舒体";    /*设置字体样式*/
```

```
            font-size:32px;
            color:#3366cc;
        }
</style>
```

<body>标签中HTML结构核心代码如下：

```
<p>俱往矣，数风流人物。</p>
<p>还看今朝。</p>
```

说明：

在样式表中使用@font-face定义服务器的字体，其font-family属性定义名称为"方正舒体"，src属性指定字体所在路径为font/FZSTK.TTF。然后，p选择器中font-family属性使用了该字体。

在@font-face中还可以使用font-style、font-weight属性。

运行效果如图3-13所示。

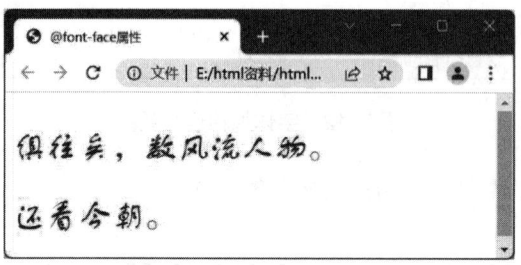

图3-13 添加字体运行效果

通过图3-13可以看出，诗句全部按照设定的字体样式显示为"方正舒体"，字体颜色为蓝色。

6. 长单词自动换行(word-wrap)

word-wrap属性用于实现长单词和URL地址的自动换行。

基本语法格式：

```
word-wrap：属性值；
```

说明：

这个属性只适用于长单词和URL地址。

具体取值介绍如表3-5所示。

表3-5 word-wrap的值

属性值	描述
normal	默认值，只在允许的断字点换行（浏览器保持默认处理）
break-word	在长单词或URL地址内部进行换行

【实例3-14】在HTML文档的内部样式中使用word-wrap属性。

代码如下：

```
<!DOCTYPE HTML>
<html>
<head>
    <meta charset="utf-8"/>
    <title>长单词换行实例</title>
    <style>
    p.test{
        width:150px;
        border:1px solid #000000;
        word-wrap:break-word;
        }
    </style>
</head>
<body>
<p class="test">This paragraph contains a very long word:
    thisisaveryveryveryveryveryveryverylongword.
    The long word will break and wrap to the next line.</p>
</body>
</html>
```

添加word-wrap属性前后运行效果如图3-14、图3-15所示。

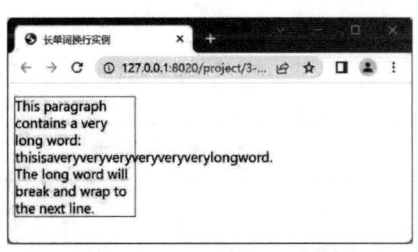 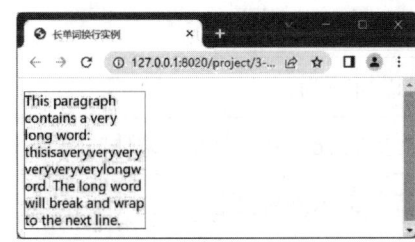

图3-14　添加word-wrap属性前　　　　图3-15　添加word-wrap属性后

7. 小型的大写字母(font-variant)

font-variant属性用来设置英文字体是否显示为小型的大写字母。

基本语法格式：

font-variant：属性值；

说明：

该属性只适用于英文字体。

具体取值介绍如表3-6所示。

表3-6 小型大写字母的属性值

属性值	描述
normal	默认值，浏览器会显示标准的字体
small-caps	表示英文显示为小型的大写字母字体

8. 简写属性（font）

font属性是简写属性，用于在一个声明中设置所有字体属性。

基本语法格式：

font：font-style font-weight font-size/line-height font-family；

说明：

font属性的取值必须按语法格式中的顺序编写，不需要设置的属性可以省略，但必须保留font-size和font-family属性，否则font属性将不起作用，并且所设置的属性值要保证顺序正确。其中，line-height是指行高。

例如：

P{
font-family:"宋体"；
font-size:28px;
font-style:italic;
font-weight:bold;
line-height:38px
}

可以简写为：

P { font:italic bold 28px/38px "宋体"；}

（二）文本外观属性

在HTML文档中通过标签的属性可以对网页文本的外观进行一定的修饰，但是效果不理想，为此CSS3提供了一系列的文本外观样式属性。常用文本外观样式属性如表3-7所示。

表3-7 常用文本外观样式属性

属性	描述
color	用于设置文本的颜色
line-height	设置行间的距离,即行高
text-decoration	规定文本修饰

续表

属性	描述
text-align	规定文本的水平对齐方式
vertical-align	设置元素的垂直对齐方式
text-indent	定文本块中的首行缩进
text-shadow	添加文本阴影
text-overflow	规定当文本溢出包含元素时如何处理
text-transform	控制文本的大写
letter-spacing	增加或减少文本中的字符间距
word-spacing	增加或减少文本中的单词间距
white-space	规定如何处理元素内的空白字符

下面对文本常用属性进行具体的讲解。

1. 文本颜色（color）

color属性用于定义网页文本的颜色。

基本语法格式：

color:颜色值;

说明：

颜色值是指属性值的取值方式，常用的Color属性的取值方式主要有三种，如表3-8所示。

表3-8 属性值的取值方式

属性值	描述	举例
颜色名	用颜色的英文名来指定颜色	red blue green
rgb值	格式为rgb(red, green, blue) 其中，参数分别表示红、绿、蓝，每个参数取值为0到255之间或0~100%之间	rgb(0,0,0)黑色 rgb(100%,100%,100%)白色 rgb(60,179,113)一种绿色
hex值	格式 #rrggbb，其中 rr（红色）、gg（绿色）和 bb（蓝色）是介于 00 和ff 之间的十六进制值	#000000黑色 #ffffff白色 #3cb371一种绿色

2. 文本行高（line-height）

line-height 属性用于设置行间距。所谓行间距就是行与行之间的距离，即字符的垂直间距，line-height 与 font-size 的计算值之差分为两部分，分别加到一个文本行内容的顶部和底部，该行底部和下一行顶部之和即为行间距。

基本语法格式：

```
line-height:行间距值
```

说明：

line-height 常用的属性值是数值，数值可以使用3种单位，分别为px（像素）、em（相对值）和%（百分比），并且不允许使用负值。

具体的行间距值如表3-9所示。

表3-9　line-height属性的值

属性值	描述
normal	默认值，设置合理的行间距
number	设置数值，用此数字与当前的字体尺寸相乘来设置行间距
lenght	设置固定的行间距
%	基于当前字体尺寸的百分比行间距

3. 文本修饰（text-decoration）

text-decoration 属性主要用于对文本进行修饰，如设置文本的下划线、上划线、删除线等装饰效果。

基本语法格式：

```
text-decoration: overline | line-through | underline | none；
```

说明：

建议不要在非链接文本下使用underline设置下划线，会在网页中产生混乱。None通常用于将链接的下划线删除。

该属性可以使用多个属性值，两个属性值之间用空格分开。属性值的具体说明如表3-10所示。

表3-10　text-decoration的属性值

属性值	描述
none	默认值，不对文本进行修饰
underline	对文本添加下划线
line-through	对文本添加删除线
overline	对文本添加上划线

4. 水平对齐方式（text-align）

text-align属性用于设置文本内容的水平对齐，相当于html文档中标签的align对齐属性。

基本语法格式：

```
text-align: left | right | center;
```

说明：

text-align 属性仅适用于块级元素，对行内元素无效，关于块元素和行内元素，在下一任务做具体介绍。

如果需要对图像设置水平对齐，可以为图像添加一个父元素如<p>或<div>（关于div标签将在以后章节具体介绍），然后对父元素应用text-align属性，即可实现图像的水平对齐。

常用属性值的具体说明如表3-11所示。

表3-11 text-align的属性值

属性值	描述
left	默认值，文本内容靠左边对齐
right	文本内容靠右边对齐
center	文本内容居中对齐

5. 垂直对齐方式（vertical-align）

vertical-align 属性设置元素的垂直对齐方式，即定义行内元素的基线相对于该元素所在行的基线的垂直对齐。主要用于设置图像相对于文本的纵向排列。

基本语法格式：

```
vertical-align: baseline | sub | super | top | text-top | middle | bottom |text-bottom
```

常用属性值的具体说明如表3-12所示。

表3-12 vertical-align的属性值

属性值	描述
baseline	默认值，元素放置在父元素的基线上
sub	垂直对齐文本的下标
super	垂直对齐文本的上标
top	把元素的顶端与行中最高元素的顶端对齐
text-top	把元素的顶端与父元素字体的顶端对齐
middle	把此元素放置在父元素的中部
bottom	把元素的顶端与行中最低元素的顶端对齐
text-bottom	把元素的底端与父元素字体的底端对齐

6. 首行缩进（text-indent）

text-indent属性用于定义HTML中块级元素（如p、h1等）的第一行可以接受的缩进数量，常用于设置首行文本的缩进。

基本语法格式：

```
text-indent:length | 百分比（%）；
```

说明：

text-indent属性值可为不同单位的数值、em字符宽度的倍数或相对于浏览器窗口宽度的百分比（%），允许使用负值。建议使用em作为设置单位。

text-indent属性仅适用于块级元素，对行内元素无效。

常用属性值的具体说明如表3-13所示。

表3-13　text-indent的常用属性值

属性值	描述
length	默认值为0，定义固定的缩进值，一般以em为单位
%	定义基于父元素宽度的百分比的缩进

7. 文本添加阴影（text-shadow）

text-shadow属性可以为页面中的文本添加阴影效果。

基本语法格式：

```
text-shadow: h-shadow v-shadow blur color;
```

说明：

text-shadow 属性可以向文本添加一个或多个阴影，每个阴影可以设置两个或三个长度值和一个可选的颜色值，该属性可以是逗号分隔的阴影列表，省略的长度是0。

常用属性值的具体说明如表3-14所示。

表3-14　text-shanow的常用属性值

属性值	描述
h-shadow	默认值为0，水平阴影的位置，该属性必选，可以为负值
v-shadow	默认值为0，垂直阴影的位置，该属性必选，可以为负值
blur	模糊的距离，可选项
color	阴影的颜色，可选项

8. 文本溢出处理（text-overflow）

text-overflow属性用于对溢出文本的处理。

基本语法格式：

```
text-overflow: clip | ellipsis | string;
```

常用属性值的具体说明如表3-15所示。

表3-15　text-overflow的属性值

属性值	描述
clip	默认值，剪裁文本
ellipsis	显示省略符号来代表被修剪的文本
string	使用给定的字符串来代表被修剪的文本

9. 英文大小写转换（text-transform）

text-transform属性用于控制英文字符的大小写。

基本语法格式：

```
text-transform: none | capitalize | uppercase | lowercase;
```

说明：

当text-transfrom属性值为 capitalize时，会将每个词的首字母大写，但是并没有明确规定确定哪些字母应视为首字母，这取决于用户如何识别出各个"词"。例如：text-transform和text-transform，CSS 并没有规定哪一种是正确的，所以这两种写法都是可接受的。

常用属性值的具体说明如表3-16所示。

表3-16　text-transfrom的属性值

属性值	描述
none	默认值，定义带有小写字母和大写字母的标准的文本
capitalize	文本中的每个单词以大写字母开头
uppercase	定义仅有大写字母
lowercase	定义无大写字母，仅有小写字母

10. 字符间距（letter-spacing）

letter-spacing属性用于定义字间距，所谓字间距就是字符与字符之间的空白，对于中文就是汉字与汉字之间的距离。

基本语法格式：

```
letter-spacing: normal | length;
```

说明：

length属性值可为不同单位的数值，允许使用负值，会让字母之间显得更紧凑。常用属性值的具体说明如表3-17所示。

表3-17　letter-spacing的属性值

属性值	描述
normal	默认值，字符间为正常间隔
length	设置字符之间的间隔数值，允许使用负值

11. 字间距（word-spacing）

word-spacing 属性用于定义字之间的间距，对中文字符无效。"字"定义为由空白符包围的一个字符串，一般用来定义英文单词之间的间隔。

基本语法格式：

```
word-spacing: normal | length;
```

说明：

length属性值可为不同单位的数值，允许使用负值，会让字之间显得更紧凑。

word-spacing和letter-spacing 均可对英文进行设置。不同的是，letter-spacing定义的为字母之间的间距，而word-spacing定义的为单词之间的间距。

常用属性值的具体说明如表3-18所示。

表3-18　word-spacing的属性值

属性值	描述
normal	默认值，定义单词间的标准空间
length	设置单词之间的间隔数值，允许使用负值

12. 处理文本空白（white-space）

white-space 属性设置页面对象内空白（包括空格和换行等）的处理方式。默认情况下，HTML文档中的空格会被合并为一个空格，使用该属性可以设置为其他的处理方式。

基本语法格式：

```
white-space: normal | nowrap | pre | pre-line | pre-wrap;
```

常用属性值的具体说明如表3-19所示。

表3-19 white-space的属性值

属性值	描述
normal	默认值,空白会被浏览器忽略
nowrap	强制在同一行内显示所有文本,直到文本结束或遇到 标签为止
pre	空白会被浏览器保留,其作用类似于HTML中的 <pre> 标签

四、CSS3高级属性

在网页设计图中,某些设计元素的外观是相同的,因此这些元素的CSS代码也会重复,想要简化代码、降低代码复杂性,此时就需要学习CSS高级属性。本节将具体介绍CSS高级属性的相关知识。

(一)CSS3层叠性和继承性

CSS是层叠式样式表的简称,层叠性和继承性是其基本特征。对于网页设计师而言,应深刻理解和灵活运用这两个概念。

1. 层叠性

层叠性是指多种CSS样式的叠加。下面通过实例来理解CSS的层叠性。

【实例3-15】利用内部样式表和外部样式表定义网页样式。

内部样式表代码如下:

```html
<!DOCTYPE HTML>
<html>
    <head>
        <meta charset="utf-8"/>
        <title>CSS层叠性</title>
            <link type="text/css" rel="stylesheet" href="css/3-15.css" />    <!--调用外部样式表-->
        <style type="text/css">    /*内部样式表*/
        p{
            font-size:30px; }
        .special{
            text-shadow: 10px 5px 10px #A52A2A;}
        #one{
            color:red;}
        </style>
    </head>
    <body>
        <p class="special" id="one">字体为红色,仿宋体,30像素,有阴影</p>
```

```
        <p>字体为默认颜色，仿宋体，30像素</p>
    </body>
</html>
```

外部样式表3-15.css代码如下：

```
p{
    font-family:"仿宋";

}
```

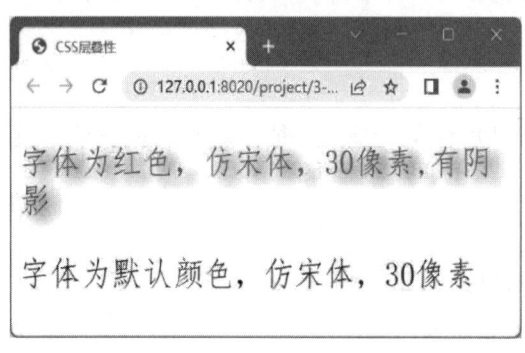

图3-16　CSS层叠性实例效果图

运行结果如图3-16所示。

通过图3-16可以看出，第一句文本使用了外部样式表定义p选择器的字体类型"仿宋"体，叠加了内部样式表中p选择器的字体大小，.special类选择器定义的文本阴影，#oneid选择器的字体颜色，即将多种样式进行叠加就是层叠性。第二句只将字体类型和字体大小进行了叠加。

2. 继承性

继承性是在定义CSS样式表时，子元素会继承父元素的某些样式，如定义<body>标签的文本颜色为蓝色，那么页面中所有没有定义样式的文本都将显示为蓝色，这是因为所有标签都嵌套在<body>标签中，是body元素的子元素，将继承body父元素的文本颜色。

恰当地使用继承可以简化代码，降低CSS样式的复杂性。但是，如果网页中的标签都大量继承样式，那么判断样式的来源就会很困难，所以对于字体、文本属性等网页中通用的样式可以选用继承。例如：字体、字号、颜色等可以在<body>标签中统一设置，然后通过继承作用于文档中的所有文本。但是需要注意，并不是所有的CSS属性都可以被继承，还有一些属性不具有继承性，如宽度、高度属性。

下面通过实例理解CSS的继承性。

【实例3-16】定义body元素的文本颜色为蓝色，字体大小为12像素。

<style>标签中样式表定义的核心代码如下：

```
<style type="text/css">
        body {
            color: blue;
```

```
                font-family: 黑体;
                font-size: 12px;
            }
        </style>
```

<body>标签中HTML结构核心代码如下：

```
<h1>这是h1标题没有继承body的字体大小</h1>
<h2>这是h2标题没有继承body的字体大小</h2>
<p>这是文本的内容继承body的样式</p>
```

运行结果如图3-17所示。

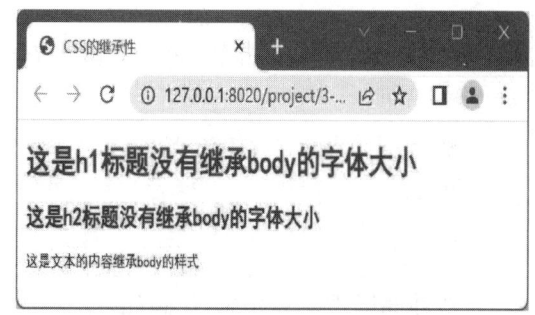

图3-17　CSS继承性实例效果图

通过图3-17可以看出，p元素、h1元素、h2元素是body元素的子元素，body元素是它们的父元素，所以p、h1、h2都继承了body的某些样式，但是h1元素和h2元素没有继承body元素字体的大小，因为<h1>标签和<h2>标签有默认字体大小，优先于继承的字体大小。

（二）CSS3优先级

定义CSS样式时，经常出现两个或两个以上同一属性样式应用在同一标签上，浏览器在解析时就要遵循一定的规则，这时就会出现优先级的问题。例如：实例3-16中h1元素和h2元素虽然是body元素的子元素，但h1元素和h2元素没有使用body元素定义的字体大小，它们使用了自身默认的字体大小。下面通过实例对CSS优先级进行具体讲解。

【实例3-17】CSS样式优先级实例。

HTML文档代码如下：

```
<!DOCTYPE HTML>
<html>
    <head>
        <meta charset="utf-8"/>
        <title>CSS优先级实例</title>
        <link type="text/css" rel="stylesheet" href="css/3-17.css" />
                        <!--外部样式表-->
        <style>         /*内部样式表*/
```

```
            .redcolor{
                color: red;
                font-size: 20px;
            }
        </style>
    </head>
    <body>
        <p style="color:green;font-size: 12px;" class="redcolor">文本的字体颜色是绿色，字体大小为12像素，来自行内样式。</p>
                                                                                    <!--行内样式-->
        <p class="redcolor">文本的字体颜色是红色，字体大小为 20 像素，来自内部样式。</p>
        <p>文本的字体颜色是蓝色，字体大小为16像素，来自外部样式。</p>
    </body>
</html>
```

CSS外部样式表3-17.css代码如下：

```
p{
    color: #0000FF;
    font-family: "黑体";
    font-size: 16px;
    text-shadow: 10px 5px 10px #0056FF;
}
```

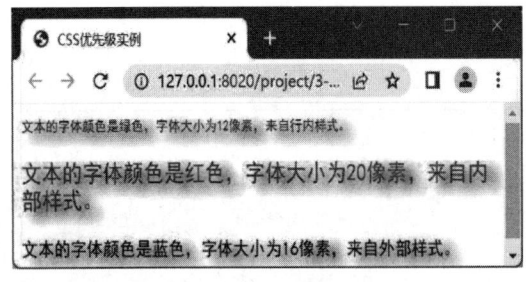

图3-18　样式优先级实例

运行效果如图3-18所示。

通过图 3-18 可以看出，三个段落都继承了外部样式表中的字体类型"黑体"，添加了阴影效果，但第一段和第二段都没有继承文本颜色"蓝色"，字体大小16 像素，而是分别使用了自身定义的行内样式和内部样式表中定义的字体大小和文本颜色。

在实例 3-17 中，第一个<p>标签使用了行内样式style="color：green;font-size：12px;"的文本的颜色和字体的大小，既没有使用内部样式表class="redcolor"定义的文本颜色和字体大小，也没有使用外部样式表定义的文本颜色和字体大小，所以行内样式优先于内部样式和外部样式。第二个<p>标签使用了内部样式表class="redcolor"定义的文本颜色和字体大小，所以内部样式优先于外部样式。

因此，浏览器根据以下规则处理层叠的关系，若在一个HTML文档中应用两种样式，浏览器显示出两种样式中除冲突属性外的所有属性，若在同一文档中定义的两种样式属性的值有冲突，浏览器在解析发生矛盾的属性值时，基本的判断原则是：行内样式优先于内部样式；内部样式优先于外部样式。也可认为，在同等条件下，距离元素越近优先级越高。

若内部样式表中的标签选择器和外部样式表中的id选择器样式属性发生冲突时，外部样式表中的id选择器优先于内部样式表中的标签选择器。

CSS定义了一个！important命令，该命令被赋予了最大优先级。例如：在实例3-17的外部样式表3-17.css中对color属性添加！important命令，代码如下：

```
p{
    color: #0000FF！important;
    font-family: "黑体";
    font-size: 16px;
    text-shadow: 10px 5px 10px #0056FF;！important
}
```

运行结果如图3-19所示。

通过图3-19可以看出，对外部样式表3-17.css中文本颜色使用！important命令后，优先级为最高，所有浏览器显示的文本颜色为蓝色。

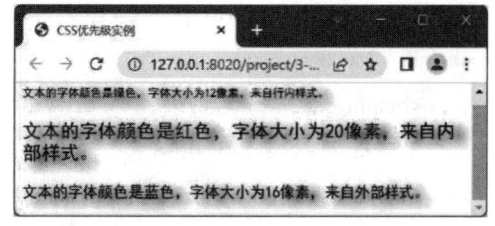

图3-19 最大优先级实例运行效果图

🖐 任务实现　美化人物简介网页

一、解析任务

对任务二中人物介绍网页进行美化修饰，以整洁明快、内容清晰为标准。因此，标题要求：将标题居中，字体为宋体，蓝色，带有模糊阴影，字体大小为48个像素。水平线要求：淡蓝色，两个像素；正文要求：字体为微软雅黑，浅蓝色，字体大小为24个像素。

使用文件名为tast3.css的外部样式表保存样式。

使用文件名为tast3.html保存HTML文档的内容。

二、任务实施

建立外部样式表，保存在tast3.css中：

```css
#bluetitle{
    color:#0000FF;
    font-family: "黑体";
    font-size: 38px;
    text-shadow: 10px 5px 10px #0056FF;
    text-align: center;

}
.text{
    color: #3366CC ;
    font-size: 16px;
    font-family: "微软雅黑";

}
```

建立HTML文档，保存在tast3.html中：

```html
<!DOCTYPE HTML>
<html>
    <head>
        <meta charset="utf-8"/>
        <title>词人李清照个人介绍</title>
        <link type="text/css" href="css/tast3.css" rel="stylesheet" />
    </head>
    <body>
        <h2 id="bluetitle">词人李清照个人介绍</h2>
        <hr size="2"  class="line">
         <p class="text">李清照（1084年3月13日—1155年），号易安居士，齐州章丘（今山东省济南市章丘区）人。宋代婉约派代表词人，有"千古第一才女"之称。
            <img src="images/2-9-1.jpg" align="right" hspace="10px"/> </p>
        <p class="text">李清照出身于书香门第，早期生活优裕，其父李格非藏书甚富。她小时候就在良好的家庭环境中打下文学基础，
            出嫁后与丈夫赵明诚共同致力书画金石的搜集整理。金兵入据中原时，流寓南方，境遇孤苦。绍兴二十五年（1155年）去世。
```

　　　　　　李清照所作词，前期多写悠闲生活，后期悲叹身世，情调感伤。艺术上，善用白描手法，自辟途径，语言清丽。论词强调协律，崇尚典雅，
　　　　　提出词 "别是一家" 之说，反对以作诗文之法作词。能诗，留存不多，部分篇章感时咏史，情辞慷慨，与其词风不同。
　　　　　　作品有《李易安集》《易安居士文集》《易安词》，已散佚。后人辑有《漱玉集》《漱玉词》。今有《李清照集》辑本。</p>
　　　<p class="text">李清照主要成就在于文学上，她工诗善文，更擅长词。李清照词，人称"易安词""漱玉词"，以其号与集而得名。《易安集》《漱玉集》，
　　　　　宋人早有著录。其词据今人所辑约有 45 首，另存疑 10 余首。她的《漱玉词》男性亦为之惊叹。她不但有高深的文学修养，而且有大胆的创造精神。
　　　　　　从总的情况看，她的创作内容因她在北宋和南宋时期生活的变化而呈现出前后期不同的特点。</p>
　　　
　　　<hr size="2" class="line" >
　　　<p align="center" class="text">&copy;2023 网页基础设计教程　建议分辨率：1280&times;720</p>
　</body>
</html>
```

运行结果如图3-20所示。

图3-20　美化人物简介运行效果图

## 知识拓展

　　除了基本选择器外，CSS3 还添加了许多新的选择器，运用这些选择器可以简化网页代码的书写，使得网页的样式实现更加灵活。主要分为属性选择器、关系选择器、
```

伪类选择器，具体介绍如下。

一、属性选择器

属性选择器是指可以设置带有特定属性或属性值的 HTML 元素的样式。一般是在中括号"[ ]"中指定属性或属性表达式。

基本语法格式如表 3-20 所示。

表 3-20 属性选择器的格式

选择器	描述
[attribute]	用于选取带有指定属性的元素设置样式
[attribute=value]	用于选取带有指定属性和属性值的元素设置样式
[attribute~=value]	用于选取属性值中包含指定词汇的元素设置样式
[attribute|=value]	用于选取属性值以指定值开头的元素设置样式
[attribute^=value]	匹配属性值以指定值开头的每个元素设置样式
[attribute$=value]	匹配属性值以指定值结尾的每个元素设置样式
[attribute*=value]	匹配属性值包含指定值的每个元素设置样式

【实例 3-18】给所有带有 target 属性的 <a> 元素设置属性样式。

代码如下：

```
<!DOCTYPE HTML>
<html>
  <head>
    <style>
      a[target]{
        background-color: yellow;
      }
    </style>
  </head>
  <body>
      <h1>CSS[attribute]选择器</h1>
      <p>带有 target 属性的链接获得颜色背景：</p>
      <a href="https://www.w3school.com">w3school.com.cn</a>
      <a href="https://www.qq.com/" target="_blank">腾讯网</a>
      <a href="https://www.baidu.com/" target="_top">百度</a>
  </body>
</html>
```

运行效果如图 3-21 所示。

在该实例中，定义了当<a>标签使用了target属性时，定义的链接内容"腾讯网"和"百度"的背景的颜色为黄色。

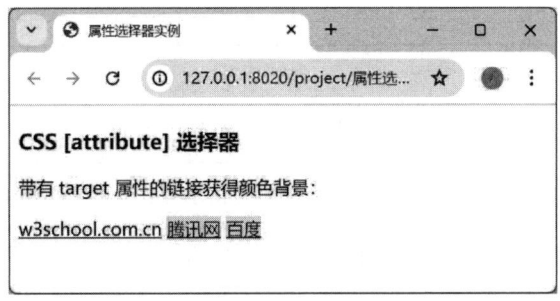

图3-21 属性选择器实例运行效果图

二、关系选择器

关系选择器是指表达选择器与选择器之间存在某种关系的机制，主要包括后代选择器、子代选择器、相邻兄弟选择器、普通兄弟选择器。其中，后代选择器已经在前面学习，这里不再重复，其他三种选择器如表3-21所示。

表3-21 关系选择器的格式

选择器	描述
E1>E2（子化选择器）	用大于号">"连接，表示选择对其父元素为E1的所有E2元素设置样式
E1+E2（相邻兄弟选择器）	用加号"+"连接，表示选择对具有共同父元素，其相邻元素为E1的E2元素设置样式，即对相邻的第一个兄弟元素设置样式
E1~E2（普益兄弟选择器）	用符号"~"连接，表示选择与指定E1元素属于同级的所有E2元素设置样式，即对E1元素的所有兄弟元素E2设置样式

三、伪类选择器

伪类是指用于定义元素满足一定条件时的特殊状态。例如：当鼠标悬停在元素上时的样式，当元素获得焦点时的样式，给父元素中的不同子元素指定样式等。伪类选择器就是用伪类作为选择器，这种选择器可以与其他CSS类选择器组合使用，可以设置不同的样式效果。具体介绍如下。

（一）结构伪类选择器

结构伪类选择器是CSS3中新增的选择器，它利用HTML文档结构实现元素的过滤，通过文档的相互关系匹配特定的元素，从而减少文档内class和id属性的定义。基本的结构伪类选择器如表3-22所示。

表3-22 基本的结构伪类选择器

选择器	描述
:root	将样式绑定到页面的根元素中。所谓根元素，是指位于文档树中最顶层结构的元素，在HTML页面中就是指包含着整个页面的<html>部分
:not(selector)	若想要对某个结构元素使用样式，但想要排除该结构元素下的子结构元素，就使用not。selector是指要排除的元素

续表

选择器	描述
:empty	指定当元素内容为空时使用的样式
:target	对页面中定义的锚点，该选择器的样式会突出显示当前活动的 HTML 锚

【实例3-19】使用target选择器定义锚点，突出显示。

<style>标签中样式表定义的核心代码如下：

```
<style>
    :target
    {
    border: 2px solid #D4D4D4;
    background-color: #e5eecc;
    }
</style>
```

<body>标签中HTML结构核心代码如下：

```
<body>
    <h1>这是标题</h1>
    <p><a href="#news1">跳转至内容 1</a></p>
    <p><a href="#news2">跳转至内容 2</a></p>
    <p>请点击上面的链接，:target 选择器会突出显示当前活动的 HTML 锚。</p>
    <p id="news1"><b>内容 1...</b></p>
    <p id="news2"><b>内容 2...</b></p>
    <p><b>注释：</b> Internet Explorer 8　以及更早的版本不支持 :target 选择器。</p>
</body>
```

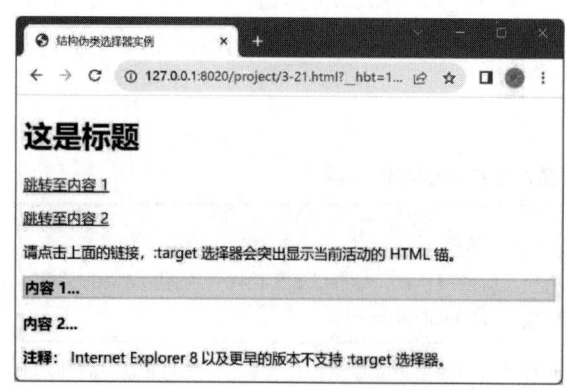

图3-22　结构选择器运行效果

运行效果如图3-22所示。

当点击链接"跳转至内容 1"时，"内容 1"标题会依据target选择器定义的样式突出显示该内容。

（二）子元素伪类选择器

子元素伪类选择器如表3-23所示。

表3-23 子元素伪类选择器

选择器	描述
:first-child	对父元素中的第一个子元素指定样式
:last-child	对父元素中的最后一个子元素指定样式
:only-child	当某个父元素中只有一个子元素时使用的样式
:only-of-type	当某个父元素中只包含指定类型的唯一一个子元素
:nth-child(n)	对指定序号（正整数）的子元素设置样式，序号表示第n个子元素
:nth-last-child(n)	对指定序号（正整数）的子元素设置样式，序号表示倒数第n个子元素
:nth-of-type(n)	用于匹配属于父元素的特定类型的第n个子元素

【实例3-20】子元素伪类选择器实例。

<style>标签中样式表定义的核心代码如下：

```
<style>
    p:first-child
    {
    background-color:yellow;
    }
    p:last-child
    {
    background:#0000FF;
    }
      span:only-child{
        background: #ff0000;
      }
</style>
```

<body>标签中HTML结构核心代码如下：

```
<body>
    <p>这个段落是其父元素(body)的首个子元素。</p>
    <div>
        <p>这个段落是其父元素(div)的首个子元素。</p>
        <p>这个段落不是其父元素的首个子元素。</p>
        <p>这个段落是其父元素(body)的最后一个子元素。</p>
    </div>
    <div>
```

```
            <span>这是父元素(div)中唯一的子元素</span>
        </div>
        <div>
            <span>这不是父元素(div)中唯一的子元素</span>
            <span>这不是父元素(div)中唯一的子元素</span>
        </div>

    </body>
```

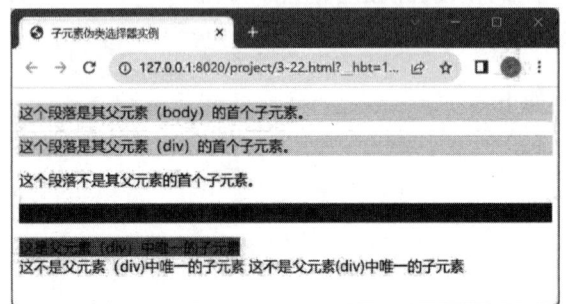

图3-23　子元素伪类选择器实例运行效果图

运行效果如图3-23所示。

该实例中使用子元素伪类选择器定义<p>元素作为其他元素的第一个子元素和最后一个子元素的背景颜色样式；将<span>标签定义为只有它是唯一的子元素时，背景颜色显示为红色。

（三）伪元素选择器

伪元素选择器用于设置元素指定部分的样式，如在指定元素内容之前或之后插入内容、设置元素的首字母、首行的样式（表3-24）。

表3-24　伪元素选择器

选择器	描述
element::after	在被选元素内容之后，插入由content属性指定的内容
element::before	在被选元素内容之前，插入由content属性指定的内容
element::first-letter	为指定元素内容的首字母定义样式，中文情况下则是对第一个汉字设置样式

知识巩固

【要求】

（1）使用CSS3中文本、字体的定义方法完成网页中文本的定义。

（2）使用页面、元素背景的设置完成网页的定义。

【内容】

利用所提供的图像和文本，参考图3-24，制作相似网页。

图3-24　CSS3网页样式定义练习

任务四　运用盒子模型划分网页模块

学习目标

知识目标：掌握盒子模型的概念以及盒子模型的相关属性；
　　　　　掌握盒子模型的相关属性；
　　　　　掌握CSS3新增属性。
技能目标：能够灵活地运用盒子模型；
　　　　　能够掌握盒子模型的使用技巧。

任务描述　科技引领未来网页布局的制作

一张网页可以看作是一张报纸，每一张报纸的版面都需要对其进行排版，并对版面进行设计。网页也需要排版，对网页放置内容的版面进行设计，这便是网页的布局。想要对网页进行布局，就必须使用盒子模型。

知识准备

一、盒子模型

（一）初识盒子模型

盒子模型是CSS中的一个重要概念，理解了盒子模型才能更好地排版。每一个HTML元素都可以被看作盒子，在CSS中，对网页进行设计和布局时，都会使用术语"box model"，即盒子模型。CSS 的盒子模型实质上是一个封装 HTML 元素的框。它包括外边距、边框、内边距以及实际的内容。盒子模型示意图参见图4-1。

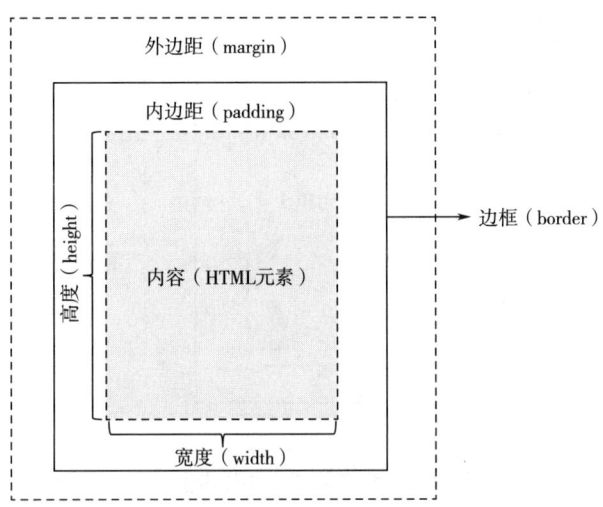

图 4-1 盒子模型示意图

说明：

图 4-1 外侧虚线框内展示了一个完整的盒子模型，外侧的虚线是相邻的两个盒子模型的分界线，从此图中可以看出整个盒子模型的布局包括如下部分：

①内容（HTML元素）：盒子的内容区域，该区域显示文档的文本和图像等。一般要定义该区域的宽度（width）和高度（heigth）。

②内边距（padding）：内容周围的区域。内边距一般是透明的，可以使内容与边框之间有一定宽度的空白区域。

③边框（border）：围绕着内边距和内容，可以通过CSS3定义边框的样式。

④外边距（margin）：边界外周围的区域。外边距一般是透明的，可以使两个盒子之间有一定宽度的空白区域。

虽然盒子模型有内边距、边框、外边距、宽度和高度这些属性，但是并不是要求每一个元素都必须使用这些属性。

（二）盒子模型的层次与宽高

盒子模型的结构由深到浅纵向层次为：外边距、背景颜色、背景图像、内边距、内容、边框。

盒子的总宽度=width+左右内边距之和+左右边框之和+左右外边距之和

盒子的总高度=height+上下内边距之和+上下边框之和+上下外边距之和

盒子的宽度和高度如图 4-2 所示。

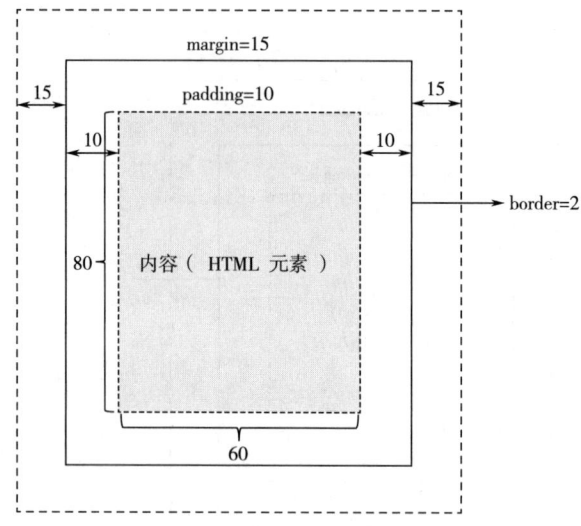

图4-2 盒子的宽度和高度图例

图4-2盒子的宽度和高度为：

盒子的总宽度=60+10×2+4×2+15×2=118

盒子的总高度=80+10×2+4×2+15×2=138

（三）<div>标签与<span>标签

1. <div>标签

div是英文division的缩写，意为"分割、区域"。<div>标签简单而言就是一个区块容器标签，可以将网页分割为独立的、不同的部分，以实现网页的规划和布局。<div>与</div>之间相当于一个容器，可以容纳段落、标题、图像等各种网页元素，也就是说大多数HTML5标签都可以嵌套在<div>标签中，<div>中还可以嵌套多层<div>。

<div>标签非常强大，它能通过与id、class等属性配合，然后使用CSS设置样式来替代大多数的文本标签。

【实例4-1】<div>标签使用。

代码如下：

```
<!DOCTYPE HTML>
<html>
<head>
<meta http-equiv="Content-Type" content="text/html; charset=utf-8"/>
<title>div标签的实例</title>

    <style type="text/css">
       .one{width:450px;
        height:30px;
        line-height:30px;
```

```
            background:#FCC;
            font-size:18px;
            font-weight:bold;
            text-align:center; }
         .two{width:450px;
            height:100px;
            background:#0F0;
            font-size:14px;
            text-indent:2em; }
    </style>
    </head>
</body>
    <div class="one">用div标签设置的标题文本</div>
    <div class="two"><p>div标签中嵌套的p标签中的文本</p></div>
      <body>
</html>
```

运行后效果如图4-3所示。

在这个实例中，使用CSS样式为<div>标签定义了两个不同的样式，通过这个实例可以看出<div>标签是一个能够任意定义的容器。

通过对<div>标签设置相应的CSS样式可以实现标题标签<h2>的效果，并且当对<div>进行控制时，其中的<p>标签会随之改变。

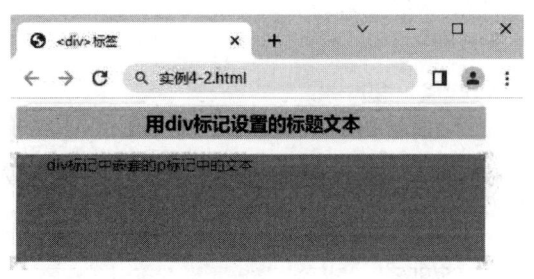

图4-3　<div>标签的运行效果图

注意：

①<div>标签最大的意义在于与浮动属性float配合，实现网页的布局，这就是常说的DIV+CSS网页布局。对于浮动和布局这里了解即可，后面的任务将会详细介绍。

②<div>可以替代<h>、<p>等标签，但是它们在语义上有一定的区别。例如：<div>和<h2>的不同在于，<h2>具有特殊的含义，语义较重，代表着标题，而<div>是一个通用的元素，主要用于布局。

2. <span>标签

与<div>一样，<span>也作为容器标签被广泛应用在HTML语言中。与<div>标签不同的是，<span>是行内元素，<span>与</span>之间只能包含文本和各种行内标签，如加粗标签<strong>、倾斜标签<em>等，<span>中还可以嵌套多层<span>。

<span>标签常用于定义网页中某些特殊显示的文本，配合class属性使用。它本身没有固定的表现格式，只有应用样式时，才会产生视觉上的变化。当其他行内标签都不合适时，就可以使用<span>标签。

【实例4-2】<span>标签的使用。

代码如下：

```
<!DOCTYPE HTML>
<html>
<head>
<meta http-equiv="Content-Type" content="text/html; charset=utf-8"/>
<title>span的实例</title>
    <style type="text/css">
        #all{ font-family:"黑体"; font-size:14px;color:#515151;}  /*设置当前div中文本的通用样式*/
        .one{color:#0174c7;font-size:20px;} /*控制第1个span中的文本*/
        .two{ color:#006;}          /*控制第2个span中的文本*/
    </style>
</head>
<body>
    <div id="all">
        <span class="one">新时代的伟大成就</span>是<span class="two">党和人民</span>一道拼出来、干出来、奋斗出来的。
    </div>
</body>
</html>
```

运行后的效果如图4-4所示。

在该实例中使用的<span>标签也是一个可以任意定义的容器，它与<div>容器的不同，主要是它是一个行内容器。

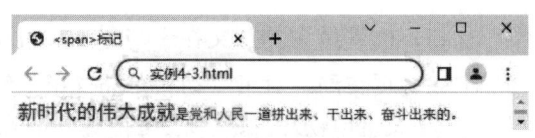

图4-4 <span>标签的运行效果

二、盒子模型相关属性

（一）边框属性

边框属性控制元素所占用空间的边缘。

边框属性主要包括边框宽度、边框样式、边框颜色等，此外还有border的综合属性，在CSS3中添加了圆角边框、图片边框属性。

1. 边框宽度border-width
边框宽度用于设置元素边框的宽度值。
基本语法格式：

border-width:上边框宽度值［右边框宽度值　下边框宽度值　左边框宽度值］;

border-width属性用于设置边框的宽度，其常用取值单位为像素px。设置边框宽度时，可以对四条边分别进行设置，也可以综合设置四条边的宽度，具体如下：

①border-top-width：上边框宽度。
②border-right-width：右边框宽度。
③border-bottom-width：下边框宽度。
④border-left-width：左边框宽度。
⑤border-width：上边框宽度、右边框宽度、下边框宽度、左边框宽度。

使用border-width属性综合设置四边宽度时，必须按上右下左的顺时针顺序，省略时采用值复制的原则，即一个值为四边，两个值为上下/左右，三个值为上/左右/下。

例如：

border-width:3px;	表示4个边框的宽度都为3像素。
border-width:3px 6px;	表示上下边框的宽度都为3像素，左右边框的宽度都为6像素。
border-width:3px 6px 9px;	表示上边框的宽度为3像素，左右边框的宽度都为6像素，下边框的宽度为9像素。
border-top-width: 3px; border-right-width: 6px; border-bottom-width: 9px; border-left-width: 1px;	该代码等同于对上、右、下、左的边框分别进行设置。

2. 边框样式border-style
边框样式属性用来定义边框呈现的样式，这个属性必须用于指定的边框。
基本语法格式：

border-style: 上边框样式［右边框样式　下边框样式　左边框样式］;

常用的样式值有四种，具体情况见表4-1。

表4-1 边框样式属性

属性值	样式	属性值	样式
dotted	点线	solid	实线
dashed	虚线	double	双实线

border-style属性为综合属性设置四边样式，必须按上右下左的顺时针顺序，省略时同样采用值复制的原则，即1个值为4边，2个值为上下/左右，3个值为上/左右/下。

border-style也可以分别定义border-top-style、border-right-style、border-bottom-style、border-left-style的样式。

3. 边框颜色border-color

边框颜色属性用于定义边框的颜色。

基本语法格式：

border-color:上边框颜色值［右边框颜色值　下边框颜色值　左边框颜色值］；

border-color的属性值同样符合颜色的定义法：预定义的颜色值、十六进制#RRGGBB和RGB代码rgb（r，g，b）三种，其中十六进制#RRGGBB使用得最多。

border-color的值可以取1~4个，按上右下左的顺时针顺序，省略时同样采用值复制的原则，即1个值为4边，2个值为上下/左右，3个值为上/左右/下。同样，border-color也可以按照border-top-color：颜色值、border-right-color：颜色值、border-bottom-color：颜色值、border-left-color：颜色值逐个定义。

4. 边框综合属性border

border为复合属性，是边框宽度border-width、样式border-style和颜色border-color的简写方式。

基本语法格式：

border:<边框宽度>|<边框样式>|<颜色>；

例如：

border:1px solid #F00;

表示元素的4个边框都是1像素红色的实线。当网页中只需要元素的底部边框为1像素红色的实线时，代码修改为：

border-bottom:1px solid #F00;

在复合属性中，边框属性border能同时设置4组边框。如果只需要给出一组边框的宽度、样式与颜色，可以通过border-top、border-right、border-bottom、border-left分别设置。

【实例4-3】边框属性的使用。

代码如下：

```
<!DOCTYPE HTML>
<html>
    <head>
        <meta http-equiv="Content-Type" content="text/html; charset=utf-8"/>
        <title>边框属性</title>
        <style type="text/css">
            h2{border-bottom:5px double blue;        /*border-bottom复合属性设置下边框*/
            text-align:center;}
            .one{border-top:3px dashed #F00;         /*单侧复合属性设置各边框*/
            border-right:10px double #900;
            border-bottom:3px dotted #0F0;
            border-left:10px solid green;}
            .two{border:15px solid #CCC;}            /*border复合属性设置各边框相同*/
        </style>
    </head>
<body>
    <h2>习近平总书记指出</h2>
    <p class="one">没有网络安全就没有国家安全，没有信息化就没有现代化</p>
    <img class="two" src="网络强国.jpg" />
</body>
</html>
```

运行后效果如图4-5所示。

通过该实例可以看出，我们可以单独定义上、右、下、左边框的颜色、样式、粗细。

5. 圆角边框

在CSS3中，使用border-radius属性能实现矩形边框的圆角化。

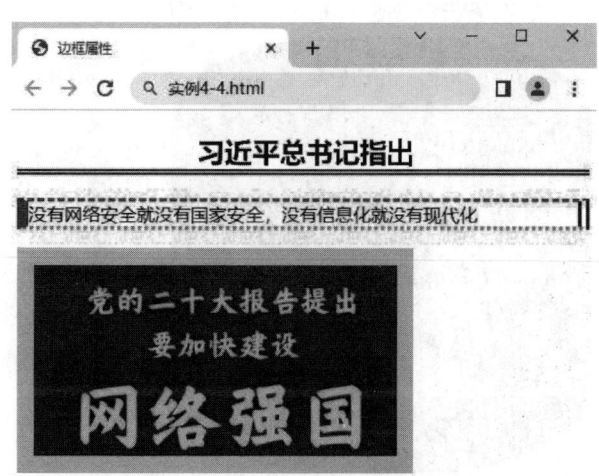

图4-5　边框综合属性运行效果图

基本语法格式：

border-radius: 半径值1/半径值2;

语法中，border-radius的属性值包含2个参数，取值可以为像素值或百分比。其中，"半径值1"表示圆角的水平半径，"半径值2"表示圆角的垂直半径，两个参数之间用"/"隔开。

【实例4-4】给图像添加圆角边框。

代码如下：

```
<!DOCTYPE HTML>
<html>
<head>
    <meta http-equiv="Content-Type" content="text/html; charset=utf-8"/>
    <title>圆角边框</title>
    <style type="text/css">
        img{width: 400px;height: 400px; border:5px solid blue;
            border-radius: 160px/80px;}    /*分别设置水平半径160px、垂直半径80px*/
    </style>
</head>
<body>
    <img src="泰山2.jpg">
</body>
</html>
```

运行效果如图4-6所示。

在该实例中，我们设置的birder-radius属性的水平半径是160px，垂直半径是80px，所以图像的四个角是一个水平半径为160px，垂直半径为80px的椭圆的四分之一的弧度。

在定义border-radius属性时，如果只保留一个参数。

例如：

图4-6 图像使用圆角边框的运行效果图

```
border-radius: 200px;
```

由于图片自身的宽高都为400px，所以整体图片显示为圆形。再将上例中的圆角边框属性值改为：

```
border-radius: 80px 0;
```

我们可以看到左上和右下设置了圆角，剩余两个角还是直角。

> **小知识**
> 左上、右下为第一个圆角半径的值，右上、左下为第二个圆角半径的值。
> 如果是三个值，则依次为左上、右上和左下、右下。
> 如果是四个值，则按顺时针方向依次为左上、右上、右下、左下。

（二）内边距属性

为了调整内容在盒子中的显示位置，常常需要给元素设置内边距。所谓内边距，指的是元素内容与边框之间的距离，也常常称为内填充。在设置内边距属性时，既可以对盒子的单边进行设置，也可以综合设置四条边的内边距属性。综合设置四边内边距属性时，必须按上右下左的顺时针顺序。省略时则遵循值复制的原则，即一个值为四边，两个值为上下/左右，三个值为上/左右/下。

基本语法格式：

```
padding：上内边距值［右内边距值　下内边距值　左内边距值］；
```

说明：

①边距值是由数字和单位组成的长度值，不可为负值，常用取值单位为像素px，数值也可以是百分比，使用百分比时，内边距的宽度值随着父元素宽度width的变化而变化，与height无关。

②padding也遵循值复制的原则，与border属性类似。

③当只对某个方向的内边距进行设置时，可以通过padding-top（上内边距）、padding-right（右内边距）、padding-bottom（下内边距）、padding-left（左内边距）分别设置。

例如：

```
</head>
    <title>内边距padding</title>
    <style type="text/css">
        div{ width:200px;
        height:100px;
        border:1px solid #f00;}
```

```
            </style>
    </head>
    <body>
        <div>里面是内容</div>
    </body>
```

可见整体变大了。

【实例4-5】内边距属性的使用。

代码如下:

```
<!DOCTYPE HTML>
<html>
    <head>
        <meta http-equiv="Content-Type" content="text/html; charset=utf-8"/>
        <title>内边距属性</title>
        <style type="text/css">
            .border{ border:5px solid #ccc;}    /*为图像和段落设置边框*/
            img{padding:20px;           /*图像4个方向内边距相同*/
                padding-bottom:0; }     /*单独设置下边距*/
                /*上面两行代码等价于padding:20px 20px 0;*/
            p{ padding:5%;}             /*段落内边距为父元素宽度的5%*/
        </style>
    </head>
    <body>
        <img class="border" src="网络强国.jpg" />
        <p class="border">段落内边距为父元素宽度的5%。</p>
    </body>
</html>
```

运行后效果如图4-7所示。

在该实例中设置了图像的内边距为20px，但是将图像的下边距设置为0，即图像下面没有内边距；段落设置的内边距是5%，即段落的内边距是其父元素宽度的5%。

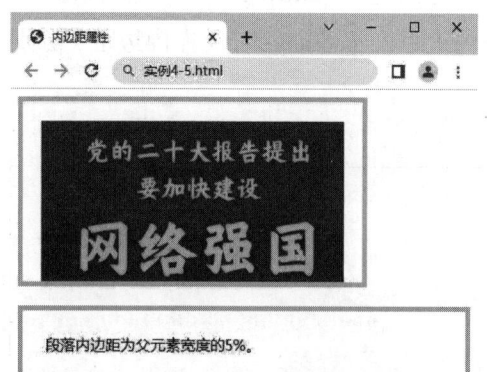

图4-7　内边距属性使用的运行效果图

> **小知识**
>
> 由于段落的内边距设置为了百分比数值，当拖动浏览器窗口改变其宽度时，段落的内边距会随之发生变化。
>
> 如果设置内外边距为百分比，不论上下或左右的内外边距，都是相对于父元素宽度width的百分比，随父元素width的变化而变化，和高度height无关。

（三）外边距属性

网页是由多个盒子排列而成的，要想拉开盒子与盒子之间的距离，合理地布局网页，就需要为盒子设置外边距。所谓外边距，指的是元素边框与相邻元素之间的距离。margin属性用于设置外边距，它是一个复合属性，与内边距padding的用法类似。

基本语法格式：

margin：上外边距值［右外边距值　下外边距值　左外边距值］；

当只需要对某个方向的外边距进行设置时，可以通过margin-top（上外边距）、margin-right（右外边距）、margin-bottom（下外边距）、margin-left（左外边距）分别设置。

外边距可以使用负值，使相邻元素重叠。

当使用盒元素进行布局时，如果设置宽度属性，同时将margin的左右外边距设置为auto，可以实现盒元素的居中。

【实例4-6】内外边距属性的使用。

代码如下：

```
<!DOCTYPE HTML>
<html>
    <head>
        <meta http-equiv="Content-Type" content="text/html; charset=utf-8"/>
        <title>内外边距属性</title>
        <style type="text/css">
            *{ margin:0;
            padding:0;}
            div{width: 450px;
            height:400px;
            border:1px solid red;
            padding:10px;
            margin:50px auto;
            line-height:25px;}
```

```
            p{ text-indent:2em;}
            h2{ background:yellow;
            padding:10px 0;}
            img{ border:5px double blue;
            padding:5px 10px;
            margin-right:10px;
            margin-top:10px; }
        </style>
    </head>
    <body>
        <div>
            <h2>泰山</h2>
            <img src="泰山.jpg"  align="left">
            <p>泰山位于山东省泰安市中部，素有"五岳之首"之称。传说泰山为盘古开天辟地后其头颅幻化而成，因此中国人自古崇拜泰山，有"泰山安，四海皆安"的说法。历代帝王君主多在泰山进行封禅和祭祀，各朝文人雅士亦喜好来此游历，并留下许多诗文佳作。泰山拥有交横重叠的山势，堆叠厚重的形体，辅以苍松、巨石和环绕的烟云，形成了肃穆与奇秀交织的雄壮景象。
            </p>
        </div>
    </body>
</html>
```

图4-8　内外边距属性使用的运行效果图

运行后效果如图4-8所示。

在该实例中，将定义通配符*的外边距margin和内边距padding设置为0，可以取消元素的默认的内外边距。在div选择器中设置margin属性为50px，auto，其中左右设置为auto值，可以实现盒子的居中显示。

（四）背景属性

CSS背景属性用于定义HTML元素的背景。通过CSS背景属性，可以给页面元素添加背景样式。背景属性可以设置背景颜色、背景图片、背景平铺、背景图片位置、背景图像固定等，如表4-2所示。

表4-2 常用的背景属性

属性	描述
background-color	定义元素的背景色
background-image	指定用作元素背景的图像
background-repeat	定义在水平和垂直方向上图像的重复
background-attachment	定义背景图像是滚动还是固定
background-position	定义背景图像的位置
background-size	定义背景图像的大小
background-orign	定义背景图像的起始位置
background-clip	定义背景图像的剪裁区域，即背景图像的显示范围
background	简写属性，在一个属性中指定所有背景属性

下面我们对属性进行详细讲解。

1. background-color属性

在CSS中，使用background-color属性来设置网页的背景颜色。

基本语法格式：

background-color:属性值；

说明：

该属性有多个取值如表4-3所示。

表4-3 background-color属性常用属性值

属性值	描述
transparent	默认值，背景颜色为透明
颜色名称	规定颜色值为颜色名称的背景颜色（比如：red）
十六进制	规定颜色值为十六进制值的背景颜色（比如：#ff0000）
rgb代码	规定颜色值为rgb代码的背景颜色（比如：rgb(255,0,0)）

> **小知识**
>
> opacity 属性指定元素的不透明度/透明度。取值范围为 0.0~1.0，值越低，越透明。例如："background-color: green;opacity: 0.5;"可以将背景颜色设置为半透明状态。

2. background-image属性

background-image 属性指定用作元素背景的图像。

基本语法格式：

```
background-image: url("图像的路径和名称");
```

说明：

默认情况下，图像会在水平和垂直方向上重复，以覆盖整个元素。

> **小知识**
>
> 背景图像的平铺是由小单元图像组成的，只需要将背景图像制作成单元小块，就可以提高页面加载速度。

3. background-repeat属性

默认状态下，设置的背景图像会在水平和垂直方向上重复，为了改变图像的重复方式，可以通过background-repeat属性设置背景图像是否重复及如何重复。

基本语法格式：

```
background-repeat：属性值；
```

说明：

该属性有多个取值如表4-4所示。

表4-4　background-repeat属性常用属性值

属性值	描述
repeat	默认值，背景图像将在垂直方向和水平方向重复
repeat-x	背景图像将在水平方向重复
repeat-y	背景图像将在垂直方向重复
no-repeat	背景图像将仅显示一次，不重复

4. background-position属性

background-position属性设置背景图像的起始位置。如果背景图像要重复，将从这一点开始。

基本语法格式：

```
background-position：属性值；
```

说明：

该属性有多个取值如表4-5所示。

表4-5　background-position 属性常用属性值

属性值	描述	属性值	描述
top left	顶端靠左	center right	中间靠右

续表

属性值	描述	属性值	描述
top center	顶端居中	bottom left	底端靠左
top right	顶端靠右	bottom center	底端居中
center left	中间靠左	bottom right	底端靠右
center center	中心	x% y%	x%是水平位置，y%是垂直位置

说明：

①背景图像的默认位置在窗口的0% 0%处。

②当使用文本定义位置时，如果仅规定了一个关键词，那么第二个值默认是"center"，如"background-position：top;"表示背景图像在不重复的情况下在窗口顶端居中。

③当使用百分比定义位置时，窗口左上角是 0% 0%。右下角是 100% 100%。如果仅规定了一个值，那么第二个值默认是50%。

5. background-attachment属性

background-attachment 属性设置背景图像是否固定，或者随着页面的内容部分滚动。

基本语法格式：

background-attachment：属性值；

该属性的常用属性值如表4-6所示。

表4-6 background-attachment 属性常用属性值

属性值	描述
scroll	默认值，背景图像会随着页面内容部分的滚动而移动
fixed	当页面内容滚动时，背景图像固定不会移动

【实例4-7】给网页添加背景颜色和背景图片。

代码如下：

```
<!DOCTYPE HTML>
<html>
    <head>
        <meta charset="utf-8" />
        <title>背景复合属性</title>
        <style type="text/css">
        body{color: #FFF;text-align:center;font-family: "微软雅黑";}
```

```
        body{
            background-color: #3300FF;    /*设置背景颜色*/
            background-image: url(images/4-6.jpg);  /*设置背景图像*/
            background-repeat: no-repeat;      /*设置背景图像不平铺*/
            background-attachment: fixed;    /*设置背景图像固定位置*/
            background-position: center 90%;    /*设置背景图像的位置，水平居中，垂直的90%*/
        }
        </style>
    </head>
    <body>
        <h1>魅力星球</h1>
        <p>这是一个神秘的地方，充满了未知的魅力，鼓起勇气去探索吧。</p>
    </body>
</html>
```

图4-9 背景属性实例运行效果

运行效果如图4-9所示。

在这个实例中，设置body选择器的背景颜色为：#3300FF；添加背景图像images/4-6.jpg，并对背景图像使用了background-repeat、background-attachmen和background-position属性。

6. background-size属性

background-size 属性允许指定背景图像的大小。

基本语法格式：

background-size:属性值；

该属性的常用属性值如表4-7所示。

表4-7 background-size 属性的常用属性值

属性值	描述
数值 数值	设置背景图像的高度和宽度。第一个值设置宽度，第二个值设置高度。如果只设置一个值，则第二个值会被设置为"auto"
百分比 百分比	以父元素的高度和宽度为标准计算百分比来设置背景图像的宽度和高度。第一个值设置宽度，第二个值设置高度。如果只设置一个值，则第二个值会被设置为"auto"

续表

属性值	描述
cover	把背景图像扩展至足够大,以使背景图像完全覆盖背景区域
contain	把图像扩展至最大尺寸,以使其宽度和高度完全适应内容区域

【实例4-8】设置背景图像的大小。

在<style>标签中输入如下样式核心代码:

```
<style>
        #example1 {
            border: 1px solid black;
            background: url(images/4-7-1.jpg);
            background-size: 50% 30%;
        /*background-size: 220px 80px;*/
            /*background-size: cover;*/
            /*background-size:    contain;*/
            background-repeat: no-repeat;
            padding: 15px;
        }
        #example2 {
            border: 1px solid black;
            background:    url(images/4-7-1.jpg);
            background-repeat: no-repeat;
            padding: 15px;
        }
</style>
```

<body>标签中HTML结构核心代码如下:

```
<h1>中国刺绣</h1>
<p>被调整大小的 background-image:</p>
<div id="example1">
    <h2>苏绣(南通仿真绣)</h2>
    <p>苏绣(南通仿真绣)的发源地在苏州吴县一带,早在春秋时期,吴国已将刺绣用于服饰。到了明代,江南已成为丝织手工业中心。在绘画艺术方面出现了以唐寅、沈周为代表的吴门画派,推动了刺绣的发展。</p>
    <p>刺绣艺人结合绘画作品进行再制作,所绣佳作栩栩如生,笔墨韵味淋漓尽致,有"以针作画""巧夺天工"之称。</p>
</div>
```

```
    <p>background-image 的原始尺寸：</p>
<div id="example2">
    <h2>苏绣（南通仿真绣）</h2>
    <p>苏绣（南通仿真绣）的发源地在苏州吴县一带，早在春秋时期，吴国已将刺绣
    用于服饰。到了明代，江南已成为丝织手工业中心。在绘画艺术方面出现了以唐
    寅、沈周为代表的吴门画派，推动了刺绣的发展。</p>
    <p>刺绣艺人结合绘画作品进行再制作，所绣佳作栩栩如生，笔墨韵味淋漓尽致，
    有"以针作画""巧夺天工"之称。</p>
</div>
```

运行效果如图 4-10 所示。

在该实例中分别设置了 background-size 的属性值，观察图像的不同变化。

7. background-orign 属性

background-origin 属性指定背景图像的位置。

基本语法格式：

background-origin：属性值；

该属性的常用属性值如表 4-8 所示。

图 4-10　background-size: 50% 30%；运行效果

表 4-8　background-origin 属性常用属性值

属性值	描述
padding-box	默认值，背景图像相对于内边距框来定位
border-box	背景图像相对于边框来定位
content-box	背景图像相对于内容框来定位

【实例 4-9】设置背景图像的位置。

在 <style> 标签中输入如下样式核心代码：

```
<style>
#example1 {
    border: 10px solid black;
    padding: 55px;
    background: url(images/4-7-1.jpg);
```

```
    background-repeat: no-repeat;
}
#example2 {
    border: 10px solid black;
    padding: 35px;
    background: url(images/4-7-1.jpg);
    background-repeat: no-repeat;
    background-origin: border-box;
}
#example3 {
    border: 10px solid black;
    padding: 35px;
    background: url(images/4-7-1.jpg);
    background-repeat: no-repeat;
    background-origin: content-box;
}
</style>
```

<body>标签中HTML结构核心代码如下：

```
<h1>background-origin 属性</h1>
<p>未设置 background-origin (padding-box 为默认):</p>
<div id="example1">
    <h2>苏绣（南通仿真绣）</h2>
    <p>苏绣（南通仿真绣）的发源地在苏州吴县一带，早在春秋时期，吴国已将刺绣用于服饰。到了明代，江南已成为丝织手工业中心。
    在绘画艺术方面出现了以唐寅、沈周为代表的吴门画派，推动了刺绣的发展。</p>
    <p>刺绣艺人结合绘画作品进行再制作，所绣佳作栩栩如生，笔墨韵味淋漓尽致，有"以针作画""巧夺天工"之称。
    苏绣作品的主要艺术特点为：山水能分远近之趣；楼阁具现深邃之体；人物能有瞻眺生动之情；花鸟能报绰约亲昵之态。</p>
</div>
<p>background-origin: border-box:</p>
<div id="example2">
    <h2>苏绣（南通仿真绣）</h2>
    <p>苏绣（南通仿真绣）的发源地在苏州吴县一带，早在春秋时期，吴国已将刺绣用于服饰。到了明代，江南已成为丝织手工业中心。
```

```
            在绘画艺术方面出现了以唐寅、沈周为代表的吴门画派，推动了刺绣的发展。</p>
        <p>刺绣艺人结合绘画作品进行再制作，所绣佳作栩栩如生，笔墨韵味淋漓尽致，有
"以针作画""巧夺天工"之称。
            苏绣作品的主要艺术特点为：山水能分远近之趣；楼阁具现深邃之体；人物能有瞻
眺生动之情；花鸟能报绰约亲昵之态。</p>
</div>
        <p>background-origin: content-box:</p>
<div id="example3">
        <h2>苏绣（南通仿真绣）</h2>
        <p>苏绣（南通仿真绣）的发源地在苏州吴县一带，早在春秋时期，吴国已将刺绣用
于服饰。到了明代，江南已成为丝织手工业中心。
            在绘画艺术方面出现了以唐寅、沈周为代表的吴门画派，推动了刺绣的发展。</p>
        <p>刺绣艺人结合绘画作品进行再制作，所绣佳作栩栩如生，笔墨韵味淋漓尽致，有
"以针作画""巧夺天工"之称。
            苏绣作品的主要艺术特点为：山水能分远近之趣；楼阁具现深邃之体；人物能有瞻
眺生动之情；花鸟能报绰约亲昵之态。</p>
</div>
```

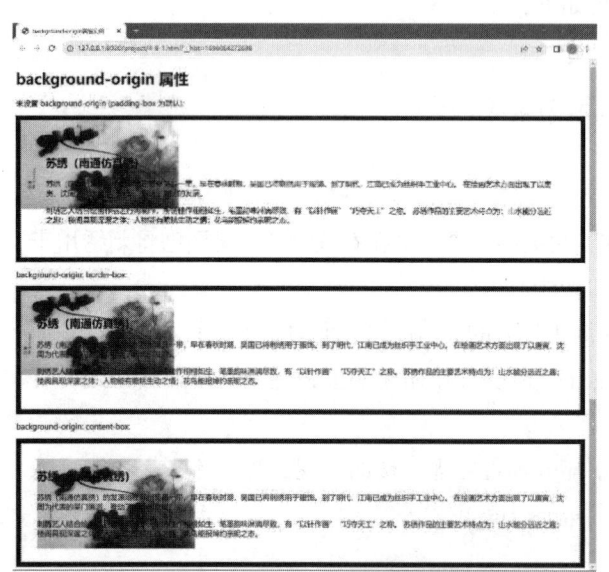

图4-11　background-origin属性运行效果图

运行效果如图4-11所示。

通过该实例可以看出，当没有定义background-origin属性时，背景图像默认的初始位置为内边距框，即从内边距的开始位置开始平铺；当background-origin的属性值为border-box时，背景图像的初始位置在边框的开始位置，这时将有一部分背景图像被边框遮盖；当background-origin为content-box时，背景图像的初始位置是在内容的起始位置开始平铺。

8. background-clip属性

background-clip属性指定背景的绘制区域，即规范背景的显示范围。

基本语法格式：

background-clip:属性值；

该属性的常用属性值如表4-9所示。

表4-9 background-clip属性常用属性值

属性值	描述
padding-box	背景被裁剪到内边距框
border-box	默认值，背景被裁剪到边框盒
content-box	背景被裁剪到内容框

【实例4-10】设置背景显示范围。

<style>标签中样式表定义的核心代码如下：

```
<style>
    #example1 {
        border: 10px dotted black;
        padding: 35px;
        background: yellow;
    }

    #example2 {
        border: 10px dotted black;
        padding: 35px;
        background: yellow;
        background-clip: padding-box;
    }

    #example3 {
        border: 10px dotted black;
        padding: 35px;
        background: yellow;
        background-clip: content-box;
    }
</style>
```

<body>标签中HTML结构核心代码如下：

```
<h1>background-clip 属性</h1>
<p>未设置 background-clip (border-box是默认值):</p>
<div id="example1">
    <h2>苏绣（南通仿真绣）</h2>
    <p>苏绣（南通仿真绣）的发源地在苏州吴县一带，早在春秋时期，吴国已将刺绣用于服饰。到了明代，江南已成为丝织手工业中心。
        在绘画艺术方面出现了以唐寅、沈周为代表的吴门画派，推动了刺绣的发展。</p>
    <p>刺绣艺人结合绘画作品进行再制作，所绣佳作栩栩如生，笔墨韵味淋漓尽致，有"以针作画""巧夺天工"之称。
        苏绣作品的主要艺术特点为：山水能分远近之趣；楼阁具现深邃之体；人物能有瞻眺生动之情；花鸟能报绰约亲昵之态。</p>
</div>
<p>background-clip: padding-box:</p>
<div id="example2">
    <h2>苏绣（南通仿真绣）</h2>
    <p>苏绣（南通仿真绣）的发源地在苏州吴县一带，早在春秋时期，吴国已将刺绣用于服饰。到了明代，江南已成为丝织手工业中心。
        在绘画艺术方面出现了以唐寅、沈周为代表的吴门画派，推动了刺绣的发展。</p>
    <p>刺绣艺人结合绘画作品进行再制作，所绣佳作栩栩如生，笔墨韵味淋漓尽致，有"以针作画""巧夺天工"之称。
        苏绣作品的主要艺术特点为：山水能分远近之趣；楼阁具现深邃之体；人物能有瞻眺生动之情；花鸟能报绰约亲昵之态。</p>
</div>

<p>background-clip: content-box:</p>
<div id="example3">
    <h2>苏绣（南通仿真绣）</h2>
    <p>苏绣（南通仿真绣）的发源地在苏州吴县一带，早在春秋时期，吴国已将刺绣用于服饰。到了明代，江南已成为丝织手工业中心。
        在绘画艺术方面出现了以唐寅、沈周为代表的吴门画派，推动了刺绣的发展。</p>
    <p>刺绣艺人结合绘画作品进行再制作，所绣佳作栩栩如生，笔墨韵味淋漓尽致，有"以针作画""巧夺天工"之称。
        苏绣作品的主要艺术特点为：山水能分远近之趣；楼阁具现深邃之体；人物能有瞻眺生动之情；花鸟能报绰约亲昵之态。</p>
</div>
```

运行效果如图4-12所示。

背景绘制区域的剪裁属性值中，background-clip属性值的作用与background-origin属性值的作用一样。只是background-clip属性的默认值是border-box，即背景将在边框的边缘开始剪裁。

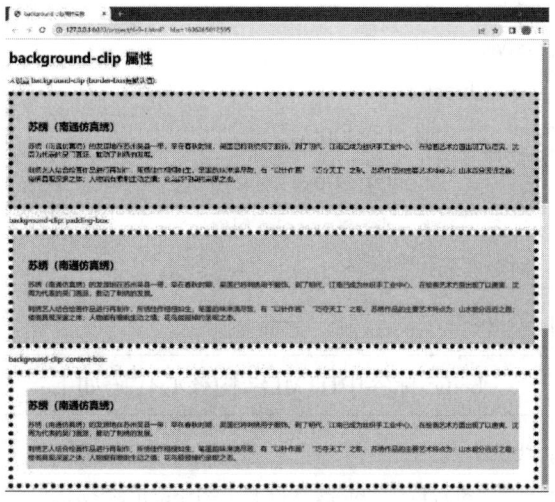

图4-12　background-clip属性运行效果图

三、元素概念及类型

（一）元素的概念

HTML元素指的是从开始标签到结束标签的所有代码，一个元素一般由开始标签、结束标签元素的内容组成。元素的内容是指开始标签与结束标签之间的内容。

某些 HTML 元素只有开始标签，没有结束标签，元素内容为空，一般称为空元素，空元素在开始标签中进行关闭，即以开始标签的结束而结束，如<hr />、<img />等。

下面的代码中包含三个元素，分别是html元素、body元素、p元素。

```
<html>
    <body>
        <p>这里有三个元素，分析一下这三个元素的组成。</p>
    </body>
</html>
```

（二）元素的类型

按照元素不同的表现行为，可将元素分为块级元素、行内元素以及行块级元素。

1. 块级元素

块级元素具有以下特点：

（1）每个元素都会在新的一行开始布局，呈现换行效果。

（2）元素的width和height属性可以生效。

（3）内边距（padding）、外边距（margin）和边框（border）会将其他元素从当前元素周围"挤开"。

常见的块级元素有div、h1-h6、p、ul、ol、li、form、table等。

【实例4-11】块元素的实例

<style>标签中样式表定义的核心代码如下：

```
<style >
    .block {
        width: 300px;
        height: 80px;
        border: 1px solid black;
    }
</style>
```

<body>标签中HTML结构核心代码如下：

```
<body>
    <div class="block">这是一个div元素</div>
    <h1 class="block">这是一个h1元素</h1>
    <p class="block">这是一个p元素</p>
    <ul class="block">
        <li>这是一个ul元素</li>
    </ul>
</body>
```

图4-13 块级元素运行效果图

运行结果如图4-13所示。

从运行效果可以看出，每个块级元素确实都是重新开启一行布局显示，有换行效果，且设置的宽度和高度都已经生效。

2. 行内元素

行内元素具有以下特点：

（1）元素不会产生换行。

（2）元素的width和height属性不会生效。

（3）垂直方向的内边距、外边距以及边框会被应用，但是不会把其他行内元素挤开。

（4）水平方向的内边距、外边距以及边框会被应用，且会把其他行内元素挤开。

常见的行内元素有a、span、label、i、em等。

【实例4-12】行内元素的实例。

<style>标签中样式表定义的核心代码如下：

```
<style >
        .inline {
            width: 240px;
            height: 100px;
            border: 1px solid black;
        }
    </style>
```

<body>标签中HTML结构核心代码如下：

```
<body>
    <a class="inline">这是一个a元素。</a>
    <span class="inline">这是一个span元素。</span>
    <label class="inline">这是一个label元素。</label>
    <i class="inline">这是一个i元素。</i>
</body>
```

运行效果如图4-14所示。

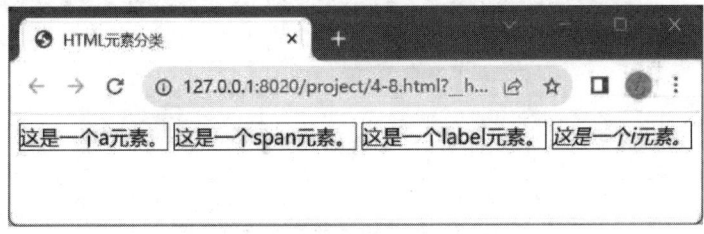

图4-14　行内元素的运行效果

从运行效果可以看出，行内元素确实都是一个接着一个并排显示，没有换行效果，且设置的宽度和高度都没有生效，元素的尺寸根据元素内容变化。

3. 行块级元素

行块级元素兼具了行内元素和块级元素的特点，可设置width和height属性，但不会自动换行。

常见的行块级元素有button、input、textarea、select、img等。

【实例4-13】行块级元素的实例。

<style>标签中样式表定义的核心代码如下：

```
<style type="text/css">
        .inline-block {
            width: 240px;
```

```
                height: 100px;
                border: 1px solid black;
            }
</style>
```

<body>标签中HTML结构核心代码如下：

```
<body>
    <button class="inline-block">这是一个button元素。</button>
    <input class="inline-block" type="text" value="这是一个input元素。">
    <textarea class="inline-block" rows="3" cols="20">这是一个textarea元素。</textarea>
     <img class="inline-block" src="images/1.jpg">
</body>
```

运行效果如图4-15所示。

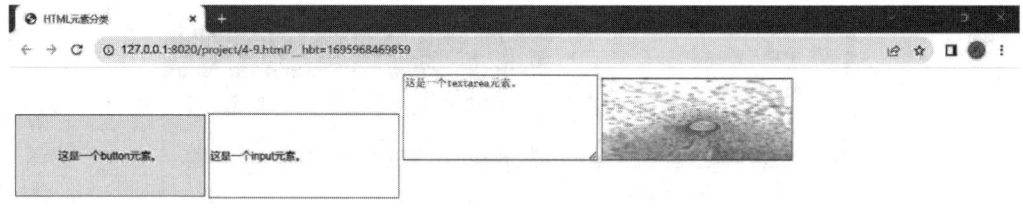

图4-15　行块级元素的运行效果图

通过页面运行效果可以看出，行块级元素都是一个接着一个并排显示，没有换行效果，但是设置的宽度和高度能够生效。

4. 元素类型的转换

如果希望行内元素具有块元素的某些特性，比如可以给行内元素设置高度和宽度，或者需要块级元素具有某些行内元素的特性，比如不允许块级元素独占一行，就需要对元素的类型进行转换。元素类型的转换可以使用display属性来设置。

其display属性用于指定是否显示和如何显示元素，是控制布局最重要的CSS属性之一，用于定义建立布局时元素生成的显示框类型。

基本语法格式：

display: 属性值;

该属性的常用属性值如表4-10所示。

表4-10 display属性的常用属性值

属性值	描述
none	元素不会被显示
block	元素将显示为块级元素，该元素前后会带有换行符
inline	默认值，元素会被显示为内联元素，元素前后没有换行符
inline-block	元素为行内块元素

【实例4-14】元素类型转换实例。

<style>标签中样式表定义的核心代码如下：

```
<style type="text/css">
    .inline-block {
        display: inline-block;
        width: 240px;
        height: 100px;
        border: 1px solid black;
    }
</style>
```

<body>标签中HTML结构核心代码如下：

```
<body>
    <div class="inline-block">这是一个div元素</div>
    <h1 class="inline-block">这是一个h1元素</h1>
    <p class="inline-block">这是一个p元素</p>
</body>
```

运行效果如图4-16所示。

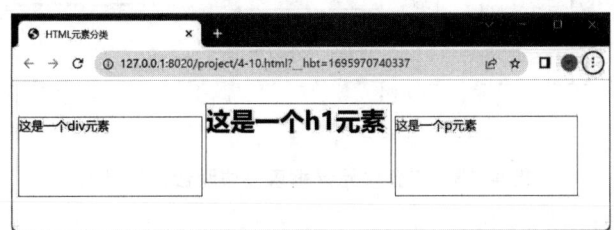

图4-16 块级元素转换为行块级元素

从运行效果可以看出，给div元素、p元素、h1元素定义属性dispaly：inline-block；后的块级元素具有了行块级元素效果，即没有换行效果，但是设置的宽度和高度能够生效。

四、块元素垂直外边距的合并

（一）相邻块级元素垂直外边距的合并

垂直外边距合并指的是当两个垂直外边距相遇时，它们将形成一个外边距。合并后外边距的高度等于两个发生合并的外边距高度中的较大者。

当一个元素出现在另一个元素上面时，第一个元素的下外边距与第二个元素的上外边距会发生合并，如图4-17所示。

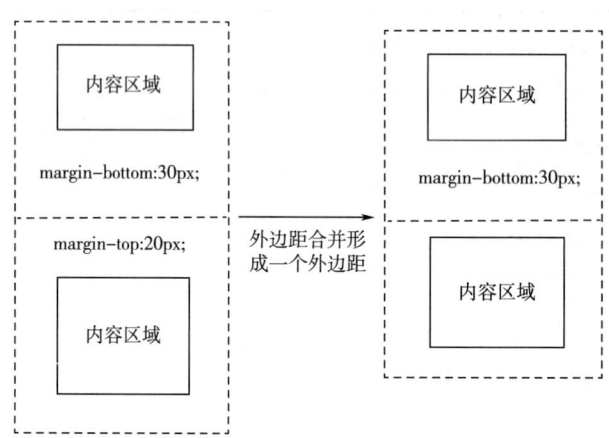

图4-17　相邻块级元素垂直外边距合并示意图

（二）嵌套块元素垂直外边距设置

对于两个嵌套关系的块元素，如果父元素没有定义内边距或边框，则父元素的外边距会与子元素的上外边距发生合并，合并后的外边距为两者中的较大者。即使父元素的上外边距为0，也会发生合并。合并效果如图4-18所示。

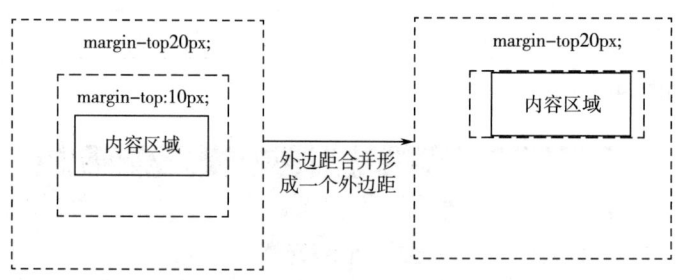

图4-18　嵌套块元素垂直外边距合并效果图

外边距合并有很重要的意义，以由几个段落组成的典型文本页面为例。第一个段落上面的空间等于段落的上外边距。如果没有外边距合并，后续所有段落之间的外边距都将是相邻上外边距和下外边距的和，这意味着段落之间的空间是页面顶部的两倍。如果发生外边距合并，段落之间的上外边距和下外边距就会合并在一起，这样各处的距离就一致了。

任务实现　科技引领未来网页的布局

一、任务解析

这是一个主题为"科技引领未来"的网页，目的是向青少年科普一些科学小知识。在设计时采用焦点式的横幅（banner）吸引青少年的注意，便于受众群体更加愿意继续阅读。为了能够满足不同青少年的需求，又将网页划分为几个平行区域。每一个区域可以通过一个具体的盒子来实现，盒子的大小、间距、分布都可以通过CSS属性来定义，最终实现网页的布局。布局格式如图4-19所示。

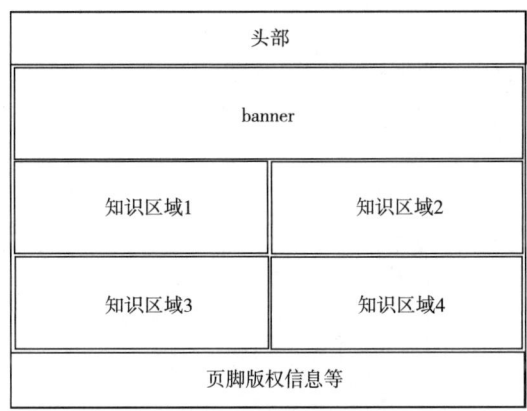

图4-19　"科技引领未来"网页的布局

二、具体实现

（1）<style>标签中样式表定义的核心代码如下：

```
<style>
body{
    margin-left：0px;
    margin-top：0px;
    background-color：#CCC;
}
#container {
    position：relative;
    width：900px;
    z-index：1;
    padding：0px;
    margin-left：250px;
}
```

```css
#links {
    position: relative;
    z-index: 1;
    padding: 0px;
    width: 900px;
}
#banner {
    position: relative;
    z-index: 1;
    padding: 0px;
    height: 405px;
    width: 900px;
}
#content1{
    position: relative;
    width: 450px;
    height: 227px;
    z-index: 1;
    padding: 0px;
    margin: 0px;
    background-image: url（images/2-3.gif）;
    background-repeat: no-repeat;
    background-position: center center;
    float: left;
}
#content2 {
    position: relative;
    z-index: 1;
    padding: 0px;
    float: right;
    height: 227px;
    width: 450px;
    background-image: url（images/2-4.gif）;
    background-repeat: no-repeat;
    background-position: center center;
}
```

```css
#content3{
    position: relative;
    z-index: 1
    padding: 0px;
    background-repeat: no-repeat;
    background-position: center center;
    float: left;
    height: 243px;
    width: 450px;
    background-image: url（images/2-5.gif）;
}
#content4 {
    position: relative;
    z-index: 1
    padding: 0px;
     float: right
    height: 243px;
    width: 450px;
}
#footer{
    position: relative;
    z-index: 1;
    padding: 0px;
    height: 41px;
    width: 900px;
    clear: both;
}
#content1 p{
    font-family: "黑体";
    font-size: 14px;
    line-height: 24px;
    padding-top: 50px;
    padding-right: 10px;
    padding-left: 55px
}
```

```
#content2 p{
    font-family："宋体";
    font-size：12px;
    line-height：20px;
    padding-top：40px;
    padding-right：200px;
    padding-left：25px;
}
#content3 p{
    font-family："宋体";
    font-size：12px;
    line-height：22px;
    padding-top：35px;
    padding-right：20px;
    padding-left：40px;
}
</style>
```

（2）<body>标签中HTML结构核心代码如下：

```
<divid="container">
    <divid="links"><img src="images/2-1.gif"width="900"height="238"/></div>
    <divid="banner"><img src="images/2-2.gif"width="900"height="405"/></div>
    <divid="content1">
        <p>人文：以人为本，提高文化素养，创造美好工作生活环境；
            <br />
合作：团队精神、精诚合作；
            <br />
诚信：正直诚实、信誉第一；
            <br />
共赢：为客户创造价值，为公司创造价值，为员工创造价值；
            <br />
环保：高效节俭，科技创新，倡导低碳清洁发展。</p>
</div>
<divid="content2">
    <p>  日本大塚化学的强效甲醛捕捉剂是专门以清除醛类物质（甲醛、乙醛）为目的而开发的产品，针对室内甲醛污染
```

以及家具板材中的游离甲醛，有着卓越的清除功能。经中国室内车内环境监测工作委员会检测甲醛清除率在95%以上，
并且被中国室内装饰协会室内环境净化治理选定为优秀产品</p></div>
 　　<div id="content3"><p>   修饰后该如何净化空气，面临百 般可怕的传言，家装环保是业主从修饰一起始就关注的话题。
对于很多业主而言，现在依然处于修饰基础完成的形态。怎么样加快室内空气净化、减少污染是这个阶段的紧要课题。但面临商场上林林总总的空气净化产物，
和宣扬能吸附甲醛的神奇绿植，很多人犹豫了：到底哪一个更有用?专家表示，开窗 透风最有用，在慎重采用空气净化产物的同时，还得关注精确方式，防止发生二次污染。
</p></div>
　　<div id="content4"><img src="images/2-6.gif"width="450"height="243"/></div>
　　<div id="footer"><img src="images/2-7.gif"width="900"height="41"/></div>
</div>

运行效果如图4-20所示。

图4-20 "科技引领未来"网页运行效果图

113

知识拓展

一、图片边框

在CSS3中，使用图片边框属性border-image实现对区域整体添加一个图片边框。

border-image属性是综合属性，还包括border-image-source、border-image-slice、border-image-width、border-image-outset以及border-image-repeat等属性。

图片边框的属性、含义和属性值详见表4-11。

表4-11 图片边框属性

属性名	作用	属性值
border-image-source	设置图片的路径	图片地址
border-image-slice	设置边框图片顶部、右侧、底部、左侧内偏移量	像素值或百分比
border-image-width	指定边框宽度，可以设置1~4个值	像素值
border-image-outset	设置图片向盒子外部延伸的距离，可以设置1~4个值	数值
border-image-repeat	设置图片的平铺方式	stretch（拉伸） repeat（重复） round（环绕）

【实例4-15】图片边框属性。

代码如下：

```
<!DOCTYPE HTML>
<html>
<head>
<meta http-equiv="Content-Type" content="text/html; charset=utf-8"/>
<title>图片边框属性</title>
<style type="text/css">
div{width: 300px;height:300px;background-color: yellow;
    border-image-source: url(九宫格.jpg);      /*设置边框图片url路径*/
        border-image-slice: 33%;               /*设置边框图片的内偏移量*/
        border-image-width: 20px;              /*设置边框宽度*/
        border-image-outset: 0px;              /*设置边框图片区域超出边框量*/
        border-image-repeat: repeat;           /*设置边框图片的平铺方式*/}
</style>
</head>
<body>
<div></div>
</body>
</html>
```

运行后效果如图4-21所示。

通过图4-21可以看出，使用了图片作为边框，并且设置了图片的宽度为20px；边框的图片区域不能够超出，所以border-image-outset属性设置为0px；图片必须在边框的范围内重复，因此设置border-image-repeat属性为repeat。

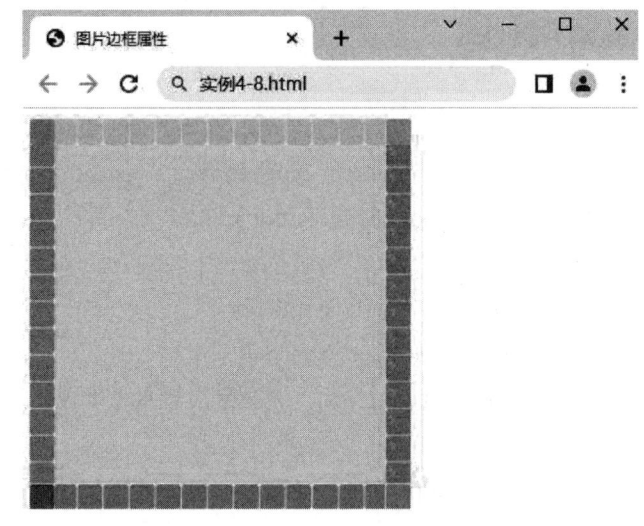

图4-21　图片边框属性

综合属性基本语法格式如下：

border-image：border-image-source border-image-slice/border-image-width/border-image-outset border-image-repeat；

二、阴影效果box-shadow

CSS3中的box-shadow属性可以实现阴影效果。

基本语法格式：

box-shadow: 水平阴影值　垂直阴影值　模糊距离值　阴影大小值　颜色　阴影类型；

说明：

①语法中，水平阴影值（必选属性）表示元素水平阴影位置，可以为负值。

②垂直阴影值（必选属性）表示元素垂直阴影位置，可以为负值。

③模糊距离值（可选属性）表示阴影模糊半径。

④阴影大小值（可选属性）表示阴影扩展半径，不能为负值。

⑤颜色（可选属性）表示阴影的颜色。

⑥阴影类型（可选属性）主要包含内阴影（inset）/外阴影（默认）。

注意：

box-shadow 添加一个或多个阴影。该属性是由逗号分隔的阴影列表，每个阴影由2~4个长度值、可选的颜色值以及可选的 inset 关键词来规定。省略长度的值是0。

【实例4-16】阴影属性。

代码如下：

```
<!DOCTYPE HTML>
<html>
<head>
    <meta http-equiv="Content-Type" content="text/html; charset=utf-8"/>
    <title>阴影效果box-shadow</title>
    <style type="text/css">
        div{ width:800px; height:800px;}
        img{border:10px solid yellow;
            border-radius:30%;    /*分别设置水平半径、垂直半径各30%*/
            padding:30px;
            box-shadow: 0px 0px 0px 20px blue inset;}
    </style>
</head>
<body>
    <div><img src="网络强国.jpg"></div>
</body>
</html>
```

图4-22 阴影属性运行效果图

运行后效果如图4-22所示。

在该实例中，设置box-shadow属性的值为：0px 0px 0px 20px blue inset，即水平阴影为0px，垂直阴影为0px，阴影的模糊距离值为0px，阴影的宽度为20px，阴影的颜色为蓝色，于是得到了图4-22的效果，感觉上阴影效果不明显。一般情况下，将阴影颜色设置为黑色或灰色，其效果就会更加明显。

在实例4-16的基础上给div添加外边距属性：

```
div{ width:800px; height:800px; margin:100px;}
```

分别更改box-shadow属性为：

（1）box-shadow: 0px 0px 10px 20px gray；

（2）box-shadow: 20px 0px 10px 20px gray；

（3）box-shadow: 20px 20px 10px 20px gray;

（4）box-shadow: 20px 20px 10px 20px gray inset;

观察效果图有什么不一样。

三、box-sizing属性

前面我们讲过，CSS3中盒子的实际宽度等于width的值、左右内边距值、左右边框宽值以及左右外边距值之和，高度的算法也类似。

这样容易出现一个现象，就是一个盒子的实际宽度确定之后，如果添加或者修改了边框或内边距的值，就会影响到盒子的实际宽度，为了不影响整体布局，通常会通过调整width属性值，来保证盒子总宽度保持不变。

box-sizing属性用于定义盒子的宽度值width和高度值height是否包含元素的内边距和边框。

基本语法格式：

```
box-sizing: content-box/border-box;
```

box-sizing属性值的具体含义详见表4-12。

表4-12 box-sizing属性值的含义

属性值	含义
content-box	遵循CSS3中盒子模型的常规计算方法 宽度width和高度height分别指元素内容框的宽度和高度 在宽度和高度之外设置元素的内边距padding和边框border
border-box	宽度width和高度height分别指整个盒子的总宽度和总高度 内边距padding和边框border都将在已设定的宽度和高度内进行设置 宽度width和高度height分别减去边框和内边距的值得到内容框的实际宽度和高度

【实例4-17】box-sizing属性。

代码如下：

```
<!DOCTYPE HTML>
<html>
<head>
    <meta http-equiv="Content-Type" content="text/html; charset=utf-8"/>
    <title>box-sizing属性</title>
    <style type="text/css">
    .one{width:200px;height:50px;margin: 5px 0;
        border:10px solid blue;
        padding: 0 50px;
```

```
            box-sizing:content-box;}
        .two{width:200px;height:50px;margin: 5px 0;
            border:10px solid blue;
            padding: 0 50px;
            box-sizing: border-box;}
    </style>
</head>
<body>
    <div class="one">请党放心</div>
    <div class="two">强国有我</div>
</body>
</html>
```

运行后效果如图4-23所示。

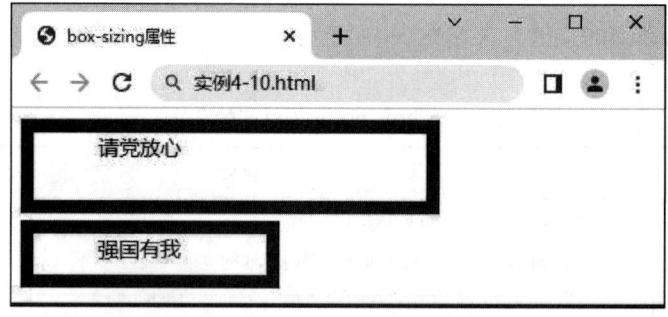

图4-23 box-sizing属性运行效果图

> **涨知识**
>
> 本实例4-17中box-sizing:content-box;遵循CSS中常规的计算方法，所以"请党放心"这个内容框的宽度就是200px，而第一个盒子的实际总宽度是200+50×2+10×2=320px。
>
> box-sizing: border-box中；width的值包括了左右内边距和左右边框的值，所以第二个盒子的实际总宽度就是200px，"强国有我"这个内容框的实际宽度是200-50×2-10×2=80px。

知识巩固

【要求】

（1）使用盒子和定位的方法。

（2）利用HTML5+CSS3页面布局的方法和技巧完成练习。

【内容】

利用给出的文档和图像完成如图4-24所示盒子的布局。

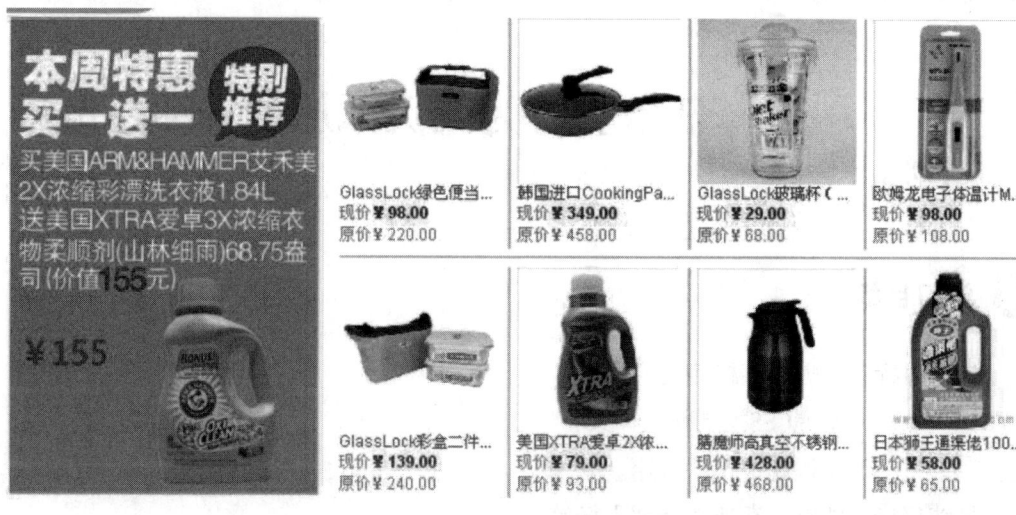

图4-24 盒子模型实例练习

任务五　为网页添加列表和超链接

学习目标

知识目标：掌握列表标签的应用；
　　　　　掌握CSS控制列表样式；
　　　　　掌握超链接的应用。
技能目标：能够灵活地选择列表标签；
　　　　　能够掌握超链接的使用技巧。

任务描述　制作学生工作部水平导航条

为了读者或观众更清晰地了解内容，在网页中通常将一些项目、事物或数据按特定的顺序排列，这就是列表。列表可以采用有序列表或无序列表的形式，有序列表一般用数字或字母表示，而无序列表则用符号或点号表示。

知识准备

一、列表标签

（一）无序列表<ul>

无序列表是网页中最常用的列表，各个列表项之间为并列关系，没有顺序级别之分。
基本语法格式如下：

```
<ul type="属性值">
<li>列表项1</li>
<li>列表项1</li>
<li>列表项1</li>
…………
</ul>
```

说明：

<ul>和<li>都拥有type属性，用于指定列表项目符号。在无序列表中，type属性的常用值有三个，它们呈现的效果不同（表5-1）。

表5-1 无序列表type属性取值

type属性值	显示效果	circle	○
disc（默认值）	●	square	■

【实例5-1】无序列表实例。

<body>标签中HTML结构核心代码如下：

```
<body>
    <h2>衣服</h2>
    <ul type="circle">
        <li>T恤</li>
        <li>连衣裙</li>
        <li>裤子</li>
    </ul>
    <h2>水果</h2>
    <ul type="disc">
        <li>苹果</li>
        <li>香蕉</li>
        <li>菠萝</li>
    </ul>
    <h2>交通工具</h2>
    <ul type=" square" >
        <li>火车</li>
        <li>汽车</li>
        <li>飞机</li>
    </ul>
</body>
```

运行效果如图5-1所示。

在该实例中，使用<ul>标签的属性type设置无序列表的项目符号值分别为circle、disc、square，其运行效果如图5-1所示。

图5-1 无序列表实例运行效果图

（二）有序列表<ol>

有序列表即为有排列顺序的列表，其各个列表项会按照一定的顺序排列，如网页中常见的歌曲排行榜、游戏排行榜等都可以通过有序列表来定义。

基本语法格式如下：

```
<ol>
<li>列表项1</li>
<li>列表项1</li>
<li>列表项1</li>
......
</ol>
```

在有序列表中，除了type属性之外，还可以为<ol>标签定义start属性、为<li>标签定义value属性，它们决定有序列表的项目符号（表5-2）。

表5-2 有序列表常用属性

属性	属性值	作用
type	1(默认)	项目符号显示数字1 2 3
	a或A	项目符号显示为英文字母a b c或A B C
	i或I	项目符号显示为罗马数字i ii iii或I II III
start	数字	规定项目符号的起始值
value	数字	规定项目符号的数字

【实例5-2】有序列表实例。

<body>标签中HTML结构核心代码如下：

```
<body>
    <h4>数字列表：</h4>
    <ol type="1">
        <li>咖啡</li>
        <li>牛奶</li>
        <li>茶</li>
    </ol>
    <ol type="1" start="60">
        <li>咖啡</li>
        <li>牛奶</li>
        <li>茶</li>
    </ol>
    <h4>字母列表：</h4>
    <ol type="A">
        <li>苹果</li>
        <li>香蕉</li>
        <li>柠檬</li>
    </ol>
    <h4>罗马字母列表：</h4>
    <ol type="I">
        <li>苹果</li>
        <li>香蕉</li>
        <li>柠檬</li>
    </ol>
</body>
```

运行效果如图5-2所示。

在该实例中，使用<ol>标签的type属性设置了有序列表项目符号的不同样式，通过图5-2可以看到不同的项目符号样式；并且在数组列表第二组中使用了start属性，定义了项目符号的起始数字为"50"，即有序列表项目符号是从"50"开始。

（三）嵌套列表

将一个列表嵌套进另一个列表，作为另一个列表的一部分，这称为嵌套列表。有序列表和无序列表可以相互嵌套。

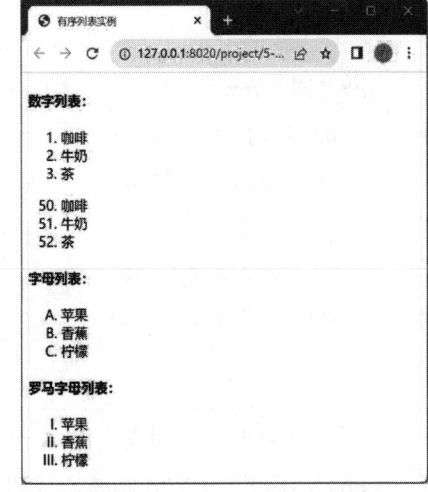

图5-2 有序列表实例运行效果图

【实例5-3】嵌套列表实例。

<body>标签中HTML结核心代码如下：

```
<ul type="circle">
  <li>北京</li>
       <ol type="1">
          <li>海淀</li>
          <li>朝阳</li>
          <li>房山</li>
       </ol>
  <li>上海</li>
  <li>广州</li>
</ul>
```

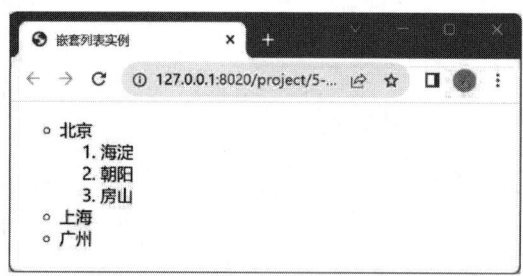

图5-3 嵌套列表实例运行效果图

运行效果如图5-3所示。

通过该实例可以看出，我们在列表中既可以嵌套无序列表，也可以嵌套有序列表。

（四）定义列表<dl>

定义列表常用于对术语或名词进行解释和描述，与无序列表和有序列表不同，定义列表的列表项前没有任何项目符号。

基本语法格式如下：

```
<dl>
  <dt>名词1</dt>
     <dd>名词1解释1</dd>
     <dd>名词1解释2</dd> ...
  <dt>名词2</dt>
     <dd>名词2解释1</dd>
     <dd>名词2解释2</dd>...
</dl>
```

【实例5-4】定义列表实例。

<body>标签中HTML结核心代码如下：

```
<h2>一个定义列表：</h2>
<dl>
    <dt>中国画</dt>
    <dd>中国的传统绘画形式，是用毛笔蘸水、墨、彩作画于绢或纸上。民国前的都统称为古画。</dd>
    <dt>中国书法</dt>
    <dd>中国特有的一种传统文化及艺术。它是汉字书写的一种法则，又称"书法"。书法一般多指后世毛笔书写汉字的方法和规律。</dd>
</dl>
```

运行效果如图5-4所示。

在该实例中，自定义列表使用<dt>标签定义了内容标题，分别是"中国画"和"中国书法"，每个标题的内容使用<dd>标签来定义。

二、CSS控制列表样式

在无序列表和有序列表中使用type属性定义列表的项目符号，没有遵循网页结构与样式相分离的网页设计原则。为此，CSS提供了一系列的与列表有关的样式属性。下面详细讲解。

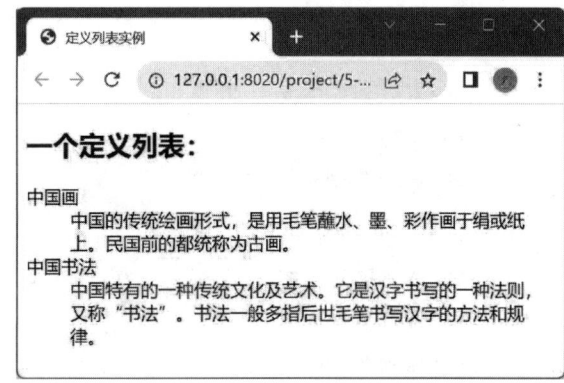

图5-4 定义列表实例

（一）list-style-type属性

list-style-type属性指定列表项目符号的类型。其取值有多种，显示不同的效果。

基本语法格式如下：

```
list-style-type:属性值；
```

list-style-type常用属性值如表5-3所示。

表5-3 list-style-type常用属性值

属性值	描述	属性值	描述
disc	实心圆	none	无标记
circle	空心圆	decimal	标记是数字
square	实心方块	decimal-leading-zero	0开头的数字（01, 02, 03等）
lower-roman	小写罗马数字（i, ii, iii, iv, v等）	lower-alpha	小写英文字母
upper-roman	大写罗马数字(I, II, III, IV, V等)	upper-alpha	大写英文字母

【实例5-5】list-style-type属性定义项目符号实例。

在<style>标签中输入如下样式核心代码：

```
<style>
    ul.square {list-style-type: square}
    ul.circle {list-style-type: circle}
    ol.decimal {list-style-type: decimal}
    ol.ualpha {list-style-type: upper-alpha}
    ul.none {list-style-type: none}
</style>
```

在<body>标签中输入如下核心代码：

```
<ul class="square">
    <li>太极拳</li>
    <li>少林拳</li>
    <li>咏春拳</li>
</ul><ul class="circle">
    <li>太极拳</li>
    <li>少林拳</li>
    <li>咏春拳</li>
</ul>
<ol class="decimal">
    <li>太极拳</li>
    <li>少林拳</li>
    <li>咏春拳</li>
</ol>
<ol class="ualpha">
    <li>太极拳</li>
    <li>少林拳</li>
    <li>咏春拳</li>
</ol>
<ul class="none">
    <li>太极拳</li>
    <li>少林拳</li>
    <li>咏春拳</li>
</ul>
```

运行效果如图5-5所示。

该实例使用了CSS3样式中的list-style-type属性为列表定义了项目符号的样式。其运行效果如图5-5所示。

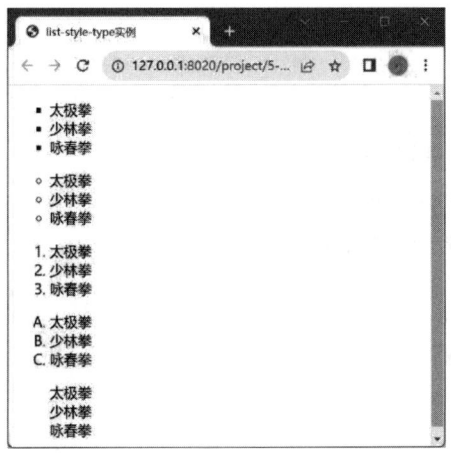

图5-5　list-style-type属性实例运行效果图

（二）list-style-image属性

list-style-image属性使用图像来替换列表中的项目符号。

基本语法格式：

list-style-image: url("图像文件");

说明：

①为了防止图像不可用，在使用图像作为项目符号时要规定一个"list-style-type"属性。

②图像相对于列表项内容的放置位置通常使用list-style-position属性控制。

（三）list-style-position属性

list-style-position属性设置在何处放置列表项标记。该属性用于声明列表标志相对于列表项内容的位置。

基本语法格式：

list-style-position: 属性值;

list-style-position常用属性值如表5-4所示。

表5-4　list-style-position常用属性值

属性值	描述
inside	列表项目符号放置在文本以内，且文本根据项目符号对齐
outside	默认值。保持项目符号位于文本的左侧。列表项目符号放置在文本以外，且文本不根据项目符号对齐

【实例5-6】list-style-image属性实现图像替换列表中项目符号实例。

在<style>中输入如下样式核心代码：

```
<style type="text/css">
        ul.inside
        {
        list-style-image: url(images/3.png);
        list-style-position: inside;
        background-color: #67B2C9;
        }


        ul.outside
        {
        list-style-image: url(images/3.png);
        list-style-position: outside;
        background-color: #67B2C9;
        }
</style>
```

在<body>标签中输入如下核心代码：

```
<p>该列表的 list-style-position 的值是 "inside"：</p>
    <ul class="inside">
        <li>隶书</li>
        <li>楷书</li>
        <li>行书</li>
        <li>草书</li>
    </ul>
    <p>该列表的 list-style-position 的值是 "outside"：</p>
    <ul class="outside">
        <li>隶书</li>
        <li>楷书</li>
        <li>行书</li>
        <li>草书</li>
    </ul>
```

运行效果如图5-6所示。

128

该实例中使用list-style-image属性设置图像作为列表的项目符号，并且使用list-style-position属性定义了项目符号的位置，当list-style-position属性的值为"inside"时，项目符号位于文本的内部；当list-style-image属性的值为"outside"时，项目符号位于文本以外。

（四）list-style属性

同盒子模型的边框等属性一样，CSS中的列表样式也是一个复合属性，可以将列表相关的样式都综合定义在一个复合属性list-style中。

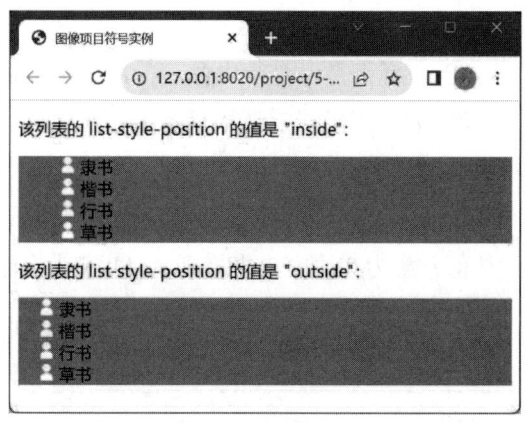

图5-6　图像作项目符号实例运行效果图

基本语法格式：

```
list-style: list-style-type list-style-position list-style-image;
```

说明：

可以不设置其中的某个值，如"list-style：circle inside;"也是允许的。未设置的属性会使用其默认值。

【实例5-7】list-style复合属性使用实例。

对实例5-6中的<style>标签改用如下样式核心代码，观察其结果。

```
<style type="text/css">
    ul
    {
    list-style: square inside url(images/3.png);
    }
</style>
```

三、超链接标签

（一）创建超链接

一个网站通常由多个页面构成，进入网站时首先看到的是其首页，如果想从首页跳转到其子页面，就需要在首页相应的位置添加超链接。在HTML中创建超链接，只需用<a></a>标记环绕需要被链接的对象即可。

基本语法格式：

```
<a href="跳转目标" target="目标窗口的弹出方式">文本或图像</a>
```

说明：

①<a>标记是一个行内标记，用于定义超链接，href和target为其常用属性。

②href：用于指定链接目标的URL地址，当为<a>标记应用href属性时，它就具有了超链接的功能。

③target：用于指定链接页面的打开方式，其取值有_self和_blank两种，其中_self为默认值，意为在原窗口中打开，_blank为在新窗口中打开。

【实例5-8】超链接实例。

<body>标签中HTML结构核心代码如下：

```
<body>
    <p><a href="https://www.w3school.com.cn">本文本</a> 是一个指向w3school的页面链接。</p>
    <p><a href="https://www.baidu.com/" target="_blank"><img src="images/6.png"></a>这是指向百度的链接图像</p>
</body>
```

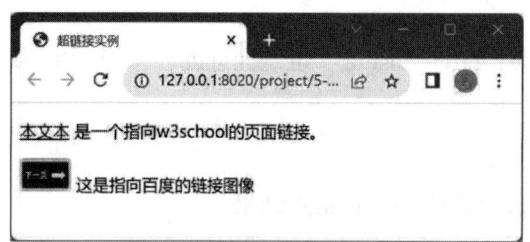

运行效果如图5-7所示。

通过该实例可以看出，我们既可以给文本添加超链接，也可以给图像添加超链接。

图5-7　文本和图像实现超链接

> **小知识**
>
> 请始终将正斜杠添加到URL路径的最后。假如这样书写链接：href="http://www.w3school.com.cn/html"，就会向服务器产生两次HTTP请求。这是因为服务器首先会添加正斜杠到这个地址，然后创建一个新的请求，所以要像这样书写：href="http://www.w3school.com.cn/html/"。

（二）锚点链接

浏览网站时，为了提高信息的检索速度，常需要用到HTML语言中的一种特殊链接——锚点链接，通过创建锚点链接，用户能够快速定位到目标内容。创建锚点链接分为如下两步：

（1）用name属性规定内容的锚点名称，即创建HTML页面文档中的书签。

基本语法格式：

```
<a name="名字">锚(标记在页面上的文本)</a>
```

说明：

锚点的命名也可以直接在标签中使用id属性命名。

（2）使用相应的名字标注跳转目标的位置。

基本语法格式：

```
<a href="#名字">提示文本信息</a>
```

说明：

在使用href属性时，一定要在名字前添加"#"符号。

【实例5-9】使用锚点链接实例。

<body>标签中HTML结构核心代码如下：

```
<body>
    <h1>课程介绍</h1>
        <ul>
            <li><a href="#one">平面广告设计</a></li>
            <li><a href="#two">网页设计与制作</a></li>
            <li><a href="#three">Flash互动广告动画设计</a></li>
        </ul>
    <h3><a name="one">平面广告设计</a></h3>
    <p>课程涵盖Photoshop 图像处理、Illustrator 图形设计、平面广告创意设计、字体设计与标志设计。</p>
     <br><br><br><br><br><br><br><br><br><br><br><br><br>
    <h3><a name="two">网页设计与制作</a></h3>
    <p>课程涵盖DIV+CSS实现web标准布局、Dreamweaver 快速网站建设、网页版式构图与设计技巧、网页配色理论与技巧。</p>
     <br><br><br><br><br><br><br><br><br><br><br><br><br>
    <h3><a name="three">Flash互动广告动画设计</a></h3>
    <p>课程涵盖Flash动画基础、Flash高级动画、Flash互动广告设计、Flash商业网站设计。</p>
    <br><br><br><br><br><br><br><br><br><br><br><br><br>
</body>
```

运行效果如图5-8、图5-9所示。

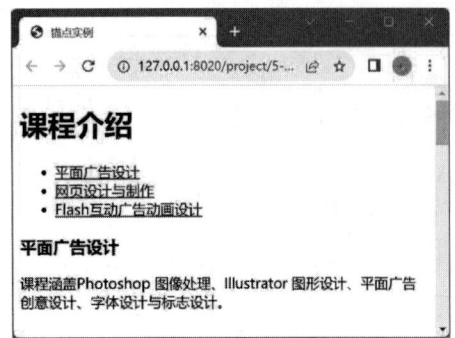

图5-8　锚点实例运行效果

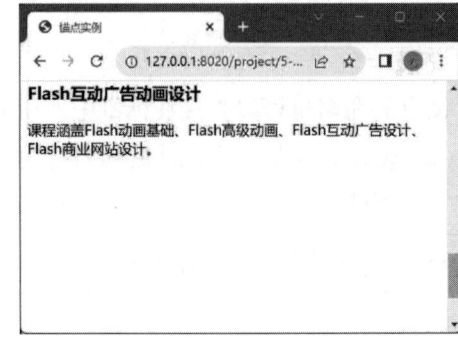

图5-9　点击"Flash互动广告动画设计"后的效果

四、CSS伪类定义超链接状态

伪类用于定义元素的特殊状态。通过伪类可以实现不同的链接状态，使得超链接在点击前、点击时、点击后和鼠标悬停时呈现不同的样式。给链接标签<a>定义4种伪类状态具体如表5-5所示。

表5-5　超链接定义4种伪类状态

<a>标签伪类选择器	描述
a:link{CSS样式规则；}	未访问时超链接的状态
a:visited{CSS样式规则；}	访问后超链接的状态
a:hover{CSS样式规则；}	鼠标经过、悬停时超链接的状态
a:active{CSS样式规则；}	鼠标单击不动时超链接的状态

说明：

链接中伪类的使用必须遵守如下规则：

①a：hover必须在CSS定义中的a：link和a：visited之后才能生效。

②a：active必须在CSS定义中的a：hover之后才能生效。

③伪类名称对大小写不敏感。

【实例5-10】通过伪类实现超链接动作的不同样式。

<style>标签中样式表定义的核心代码如下：

```
<style>
    a.one:link {color:#ff0000;}
    a.one:visited {color:#0000ff;}
    a.one:hover {color:#ffcc00;}
```

```
a.two:link {color:#ff0000;}
a.two:visited {color:#0000ff;}
a.two:hover {font-size:160%;}

a.three:link {color:#ff0000;}
a.three:visited {color:#0000ff;}
a.three:hover {background:#66ff66;}

a.four:link {color:#ff0000;}
a.four:visited {color:#0000ff;}
a.four:hover {font-family:monospace;}

a.five:link {color:#ff0000;text-decoration:none;}
a.five:visited {color:#0000ff;text-decoration:none;}
a.five:hover {text-decoration:underline;}
 </style>
```

<body>标签中HTML结构核心代码如下：

```
<p>
  <a class="one" href="#" target="_blank">此链接改变颜色</a>
</p>
<p>
  <a class="two" href="#" target="_blank">此链接改变字体大小</a>
</p>
<p>
  <a class="three" href="#" target="_blank">此链接改变背景色</a>
</p>
<p>
  <a class="four" href="#" target="_blank">此链接改变字体族</a>
</p>
<p>
  <a class="five" href="#" target="_blank">此链接改变文本装饰</a>
</p>
```

运行效果如图5-10、图5-11所示。

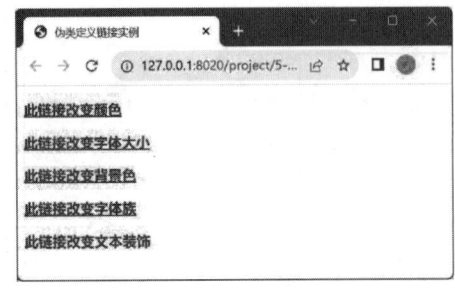
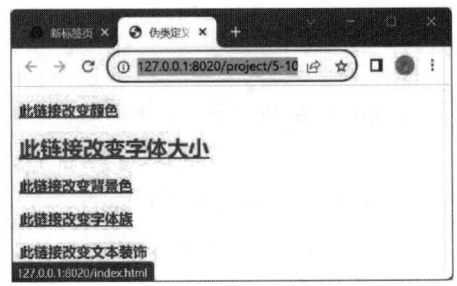

图5-10 伪类定义链接运行效果　　　　图5-11 鼠标划过第二行，字体改变大小的效果

任务实现　制作学生工作部导航条

一、任务解析

导航条是网页不可或缺的元素，通常位于页面的顶部或侧边，用于提供网站的导航功能。导航条可以包含链接、图像、文本和其他元素，导航条的设计应该简单明了，易于使用，以便用户能够快速找到他们需要的内容。导航条分为水平导航条和垂直导航条，如图5-12、图5-13所示。制作导航条一般使用无序列表列出导航条中的导航条目，再通过CSS进行修饰，达到需要的效果。

图5-12 水平导航条样式图

图5-13 垂直导航条样式图

现在需要在学生工作部网站首页上制作一个水平导航条，该导航条要求简洁、清

晰，包括"部门简介、规章制度、教育管理、咨询服务、宿舍管理"内容。水平导航条的样式如图5-14所示。

图5-14　水平导航条的样式参考图

二、任务实施

建立外部样式表，保存在tast.css中，代码如下：

```
ul {
list-style-type: none;
margin: 0;
padding: 0;
overflow: hidden;
border: 1px solid #e7e7e7;
background-color: #f3f3f3;
border-radius:20px;
}
li {
float: left;
}
li a {
display: block;
color: #666;
text-align: center;
padding: 14px 16px;
text-decoration: none;
}
li a:hover:not(.active) {
background-color: #ddd;
}
li a.active {
color: white;
background-color: #4CAF60;
}
```

```css
li {
border-right: 1px solid #bbb;
}
li:last-child {
border-right: none;
}
```

建立HTML文档，保存在tast6.html中，代码如下：

```html
<!DOCTYPE HTML>
<html>
    <head>
        <meta charset="utf-8"/>
        <title>水平导航条</title>
        <link rel="stylesheet" type="text/css" href="css/tast6.css" />
    </head>
    <body>
        <ul>
<li><a class="active" href="#">部门简介</a></li>
<li><a href="#">规章制度</a></li>
<li><a href="#">教育管理</a></li>
<li><a href="#">咨询服务</a></li>
 <li><a href="#">宿舍管理</a></li>
</ul>
    </body>
</html>
```

运行效果如图5-15所示。

图5-15　水平导航条运行效果

知识拓展

通过仔细观察每一个网站的主页，就会发现网站的主页上不仅有水平导航条，还有垂直导航条，而且有一些水平导航条还有下拉菜单。下面通过实例讲解如何完成垂直导航条和下拉菜单的制作。

一、制作垂直导航条

（一）要求

创建一个背景色为灰色的基础垂直导航栏，并在用户将鼠标移到链接上时改变链接的背景色，在导航栏项目周围添加边框，并标注用户当前所在的页面。

（二）实现

输入如下CSS代码，保存在tz5-1.css中：

```
ul {
    list-style-type: none;
    margin: 0;
    padding: 0;
    width: 200px;
    background-color: #f1f1f1;
    border: 1px solid #666;
    border-radius: 10px;
}

li a {
    display: block;
    color: #000;
    padding: 8px 16px;
    text-decoration: none;
}

li {
    text-align: center;
    border-bottom: 1px solid #666;
}

li:last-child {
```

```css
    border-bottom: none;
}

li a.active {
    background-color: #4CAF60;
    color: white;
        border-radius: 10px;
}

li a:hover:not(.active) {
    background-color: #666;
    color: white;
    border-radius: 10px;
}
```

输入如下HTML文档代码，保存在tz5-1.html中：

```html
<!DOCTYPE HTML>
<html>
    <head>
        <meta charset="utf-8"/>
        <title>垂直导航栏</title>
        <link href="css/tz6-1.css" rel="stylesheet" type="text/css" />
    </head>
    <body>
        <h1>垂直导航栏</h1>
<p>在本例中，我们居中导航链接并为导航栏添加边框：</p>

<ul>
 <li><a class="active" href="#home">Home</a></li>
 <li><a href="#news">News</a></li>
 <li><a href="#contact">Contact</a></li>
 <li><a href="#about">About</a></li>
</ul>
    </body>
</html>
```

运行效果如图5-16所示。

图 5-16　垂直导航栏实例运行效果图

二、导航栏内的下拉菜单

输入如下 CSS 代码，保存在 tz5-2.css 中：

```
ul {
    list-style-type: none;
    margin: 0;
    padding: 0;
    overflow: hidden;
    background-color: #333;
border-radius: 10px;
}

li {
    float: left;
}

li a, .dropbtn {
    display: inline-block;
    color: white;
    text-align: center;
```

```css
    padding: 14px 16px;
    text-decoration: none;
}

li a:hover, .dropdown:hover .dropbtn {
    background-color: red;
}

li.dropdown {
    display: inline-block;
}

.dropdown-content {
    display: none;
    position: absolute;
    background-color: #f9f9f9;
    min-width: 160px;
    box-shadow: 0px 8px 16px 0px rgba(0,0,0,0.2);
    z-index: 1;
}
.dropdown-content a {
    color: black;
    padding: 12px 16px;
    text-decoration: none;
    display: block;
    text-align: left;
}

.dropdown-content a:hover {
background-color: #f1f1f1;
}
.dropdown:hover .dropdown-content {
    display: block;
}
```

输入如下HTML文档代码，保存在tz5-2.html中：

```html
<!DOCTYPE HTML>
<html>
    <head>
        <meta charset="utf-8"/>
        <title>导航栏内的下拉菜单</title>
        <link href="css/tz6-2.css" rel="stylesheet" type="text/css"/>
    </head>
    <body>
    <ul>
<li class="dropdown">
<a href="#" class="dropbtn">部门介绍</a>
 <div class="dropdown-content">
     <a href="#">教务处</a>
     <a href="#">学工处</a>
     <a href="#">就业处</a>
    </div>
    </li>
<li><a href="#">规则制度</a></li>
<li class="dropdown">
    <a href="javascript:void(0)" class="dropbtn">教育管理</a>
    <div class="dropdown-content">
      <a href="#">课程表</a>
      <a href="#">成绩查询</a>
    </div>
    <li><a href="#">咨询服务</a></li>
    <li><a href="#">宿舍管理</a></li>
</li>
</ul>
<h1>导航栏内的下拉菜单</h1></body></html>
```

运行效果如图5-17所示。

图5-17　导航栏中下拉菜单实例运行效果图

知识巩固

【要求】

（1）使用HTML5中的列表和超链接标签。

（2）使用CSS中与超链接和列表相关的样式属性。

【内容】

制作一个简单的水平导航栏，如图5-18所示。

图5-18　水平导航栏练习

任务六　为网页添加表格

学习目标

知识目标：掌握表格标签的应用；
　　　　　掌握表格中的常用属性；
　　　　　掌握CSS3中表格样式的定义。
技能目标：能够灵活地制作各种表格；
　　　　　能够使用CSS3美化表格。

任务描述　制作革命景区旅游一览表

学习到这里，小斌已经能够制作自己想要的网页了，但他现在想要制作一张近几年他去过的革命老区旅游景点的统计表，能够一目了然地知道自己已经去过了哪些革命景区，而且他发现学习生活中要面对很多的表格，如课程表、作息时间表、统计表等。这些表格经常会用到，那么如何在网页上添加表格呢？如何使表格看起来丰富多彩呢？

知识准备

一、表格标签

在日常生活中，为了清晰地显示数据或信息，常常使用表格对数据或信息进行统计。同样在制作网页时，为了使网页中的元素有条理地显示，也可以使用表格对网页进行规划。为此，HTM5语言提供了一系列的表格标签，下面将对这些标签进行详细的讲解。

（一）创建表格

如何在网页中创建一个简单的表格呢？

143

在HTML5中，所有的元素都是通过标签定义的，要想创建表格，就需要使用表格相关的标签。

创建表格的基本语法格式：

```
<table>
    <tr>
    <td>单元格内的文字</td>
    …………
    </tr>
    …………
</table>
```

说明：

在上面的语法中包含3对HTML5标签，分别为<table></table>、<tr></tr>、<td></td>，它们是创建HTML5网页中表格的基本标签，缺一不可，具体解释如下：

①<table></table>：用于定义一个表格的开始与结束。在<table>标签内部，可以放置表格的标题、表格行和单元格等。

②<tr></tr>：用于定义表格中的一行，必须嵌套在<table></table>标签中，在<table></table>中包含几对<tr></tr>，就表示该表格有几行。

③<td></td>：用于定义表格中的单元格，必须嵌套在<tr></tr>标签中，一对<tr></tr>中包含几对<td></td>，就表示该行中有多少列（或多少个单元格）。

了解创建表格的基本语法后，下面通过一个案例进行演示。

【实例6-1】制作如表6-1所示的表格。

表6-1　学生成绩表

学号	姓名	语文	数学
00101	王芳	88	90
00106	李晓玲	86	73
00112	齐鲁伟	89	97

代码如下：

```
<!DOCTYPE HTMl>
<html>
<head>
<meta charset="utf-8"/>
<title>表格</title>
```

```
</head>
<body>
<table broder="1" >              <!--定义表格的开始-->
   <tr>                           <!--定义表格的行-->
     <td>学号</td>                <!--定义表格的列-->
     <td>姓名</td>
     <td>语文</td>
     <td>数学</td>
   </tr>
   <tr>
     <td>00101</td>
     <td>王芳</td>
     <td>88</td>
     <td>90</td>
   </tr>
   <tr>
     <td>00106</td>
     <td>李晓玲</td>
     <td>86</td>
     <td>73</td>
   </tr>
   <tr>
     <td>00112</td>
     <td>齐鲁伟</td>
     <td>89</td>
     <td>97</td>
   </tr>
</table>                          <!--定义表格的结束-->
</body>
</html>
```

在例 6-1 中，使用表格相关的标签定义了一个 4 行 4 列的表格。为了使表格的显示格式更加清晰，对表格标签<table>应用了边框属性border，并设置border="1"。

运行效果如图 6-1 所示。

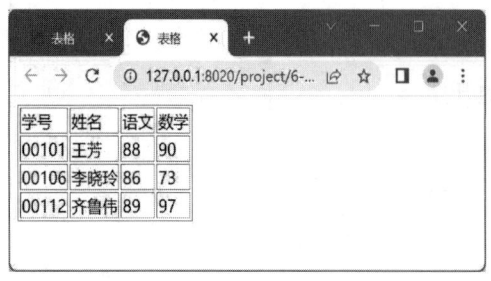
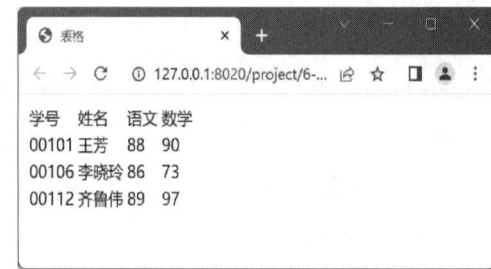

图6-1　简单的表格　　　　　　　　　图6-2　去掉边框的表格

通过图6-1看出，表格以4行4列的方式显示，并且添加了边框效果。如果去掉<table>标签中的border属性，运行效果如图6-2所示，可以看到表格的边框消失了，但表格中的内容依然整齐有序地排列着。

> **涨知识**
>
> 学习表格的核心是学习<td></td>标签，它就像一个容器，可以容纳所有的标签。<td></td>中甚至可以嵌套表格<table></table>。但是，<tr></tr>中只能嵌套<td></td>，不可以在<tr></tr>标签中输入文字。

> **小试身手**
>
> 制作一个如图6-3所示的课程表。
>
> | 2024级软件1班课程表 |||||
> | --- | --- | --- | --- | --- |
> | 星期和节次 | 1-2节 | 3-4节 | 5-6节 | 7-8节 |
> | 星期一 | HTML5基础 | Java基础 | 法律 | 大学语文 |
> | 星期二 | 艺术素养 | 大学英语 | 体育 | 课外活动 |
> | 星期三 | 计算机导论 | Java基础 | 体育 | 社团活动 |
> | 星期四 | HTML5基础 | 高等数学 | 大学英语 | 创新创业 |
> | 星期五 | HTML5基础 | 美术 | 体育 | 社团活动 |
>
> 图6-3　课程表

（二）<table>标签的属性

表格标签包含了大量属性，虽然大部分属性都可以使用CSS进行替代，但HTML语言中也为<table>标签提供了一系列的属性，用于控制表格的显示样式，具体如表6-2所示。

表6-2 <table>标签的常用属性

属性	描述	常用属性值
border	设置表格的边框（默认border-"0"为无边框）	通常为像素值
cellspacing	设置单元格与单元格边框之间的空白间距	通常为像素值（默认为2px）
cellpadding	设置单元格内容与单元格边框之间的空白间距	通常为像素值（默认为1px）
width	设置表格的宽度	通常为像素值
align	设置表格在网页中的水平对齐方式	left、center、right
height	设置表格的高度	通常为像素值
bgcolor	设置表格的背景颜色	预定义的颜色值、十六进制#RGB、rgb（r,g,b）
background	设置表格的背景图像	URL地址

为了便于初学者对<table>属性的理解，接下来对这些属性进行具体的讲解。

1. border 属性

在<table>标签中，border 属性用于设置表格的边框，默认值为0。在例 6-1 中，设置<table>标签的border 属性值为1时，出现了图 6-1 所示的双线边框效果。修改例 6-1 中<table>标签的border属性值如下：

<table border="20">

运行效果如图 6-4 所示。

比较图 6-4 和图 6-1，会发现表格的双线边框的外边框变宽了，但是内边框不变。其实，在双线边框中，外边框为表格<table>的边框，内边框为单元格<td>的边框。也就是说，<table>标签的border属性值改变的是外边框宽度，所以内边框宽度仍然为1px。

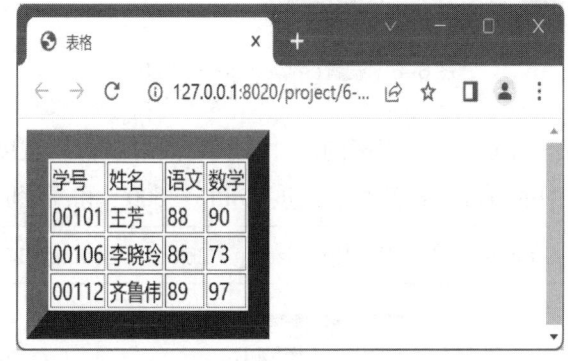

图6-4 属性border="20"

2. cellspacing 属性

表格中单元格之间的距离可以通过cellspacing属性改变，cellspacing 属性用于设置单元格与单元格边框之间的空白间距，默认为2px。例如：对例 6-1 中的<table>标签中添加cellspacing="20"，代码如下：

<table border="20" cellspacing="20">

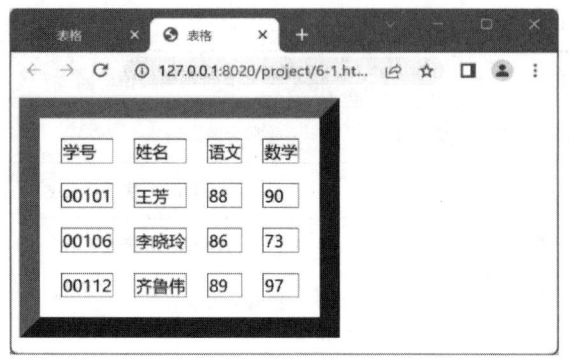

图6-5 设置cellspacing="20"

运行效果如图6-5所示。

通过图6-5可以看出，单元格与单元格以及单元格与表格边框之间都拉开了20px的距离。

3. cellpadding 属性

为了使内容与单元格看起来不那么拥挤，可以使用cellpadding属性。

cellpadding 属性用于设置单元格内容与单元格边框之间的空白间距，默认为1px。例如：对例6-1中的<table>标签添加cellpadding="20"，代码如下：

```
<table border="20" cellspacing="20" cellpadding="20">
```

图6-6 设置cellpadding="20"

运行效果如图6-6所示。

比较图6-5和图6-6可以发现，在图6-6中，单元格内容与单元格边框之出现了20px的空白间距，如"学生名称"与其所在的单元格边框之间拉开了20px的距离。

4. width 属性和 height属性

默认情况下，表格的宽度和高度是自适应的，依靠表格中的内容来支撑表格，例如图6-1所示表格。要想得到更加适合表格的尺寸，就需要对其应用宽度属性width和高度属性height。对例6-1中的<table>标签添加宽度width="600"和高度height="600"，代码如下：

```
<table border="20" cellspacing="20" cellpadding="20" width="600" height="600">
```

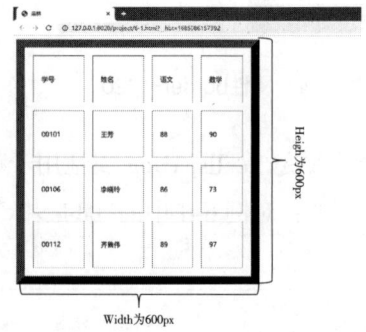

运行效果如图6-7所示。

在图6-7中可以看出，表格设置的宽度为600px，高度为600px，各单元格的宽度和高度均按一定的比例增加。

图6-7 设置width="600"和height="600"

> **涨知识**
>
> 宽度和高度的属性也可以使用在单元格中，可以勇敢地试一下。

5. align 属性

制作的表格在默认状态下是显示在浏览器的左上角，如果我们想要表格在浏览器中水平居中，应该怎么办呢？这就需要用到水平对齐属性align，align属性可用于定义元素的水平对齐方式，它有left、center、right三个值可以选择，分别是水平靠左、水平居中、水平靠右。

需要注意的是，当对<table>标签应用align属性时，控制的是表格在页面中的水平对齐方式，单元格中的内容不受影响。对例6-1中的<table>标签添加align="center"，代码如下：

```
<table border="20" cellspacing="20" cellpadding="20" width="600" heigis="600" align="center">
```

运行效果如图6-8所示。

通过图6-8可以看出，整个表格位于浏览器的居中位置，由于align属性在<table>标签中使用，所以单元格的内容位置并不受影响，其位置保持不变。

图6-8 设置表格的aglin属性值

> **涨知识**
>
> 水平对齐属性可以使用在单元格中，去试试看。

6. bgcolor 属性

为了使表格更加完美，可以给整张表格添加背景颜色，背景颜色属性是bgcolor，bgcolor 属性用于设置表格的背景颜色，对例6-1中整张表格的背景颜色设置为灰色，在<table>标签添加代码如下：

```
<table border="20" cellspacing="20" cellpadding="20" width="600" height="600" align="center" bgcolor="#cccccc">
```

运行效果如图6-9所示。

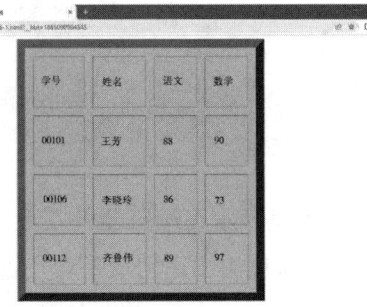

图6-9 设置表格的bgcolor属性值

通过图6-9可以看出，在<table>标签中使用bgcolor属性后，表格内部所有的背景颜色都变为了灰色。

> **涨知识**
>
> bgcolor属性的值有三种表示方法：一是使用预定义的颜色名称，如bgcolor="tomato"；二是使用RGB值，格式为rgb（red,blue,green),括号中的每一种颜色的范围都是0~255，如bgcolor="rgb（255，99，71）"；三是使用十六进制表示颜色，格式为#rrbbgg，每两位是一种颜色，是十六进制0~f，如bgcolor="#cccccc"。

7. background 属性

表格不仅可以通过添加背景颜色，使其更加完美，也可以根据个人需要或喜好，在表格中添加背景图像。

在<table>标签中使用background属性用于设置表格的背景图像。在将图像设置为背景图像前，要知道图像的存储位置，将图像的位置作为background属性的值。例如：在实例6-1的表格中添加图像1.jpg，该图像相对于本网页存储在文件夹images中，所以属性写为background="images/1.jpg"，在<table>标签中添加代码如下：

```
<table border="20" cellspacing="20" cellpadding="20" width="600" height="600" align="center"    background="images/1.jpg" >
```

运行效果如图6-10所示。

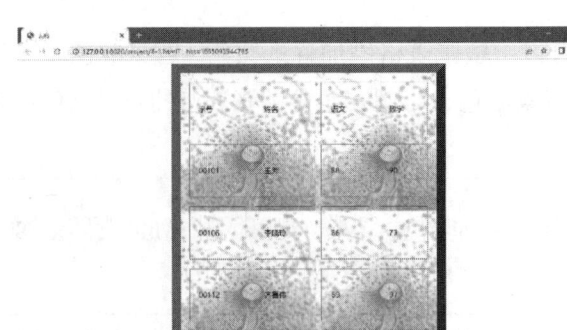

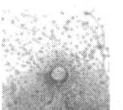

图片1.jpg

图6-10 设置表格的backgrounds属性

通过图6-10可以看到图片1.jpg在水平方向和垂直方向上平铺，充满了整个表格。

> **小试身手**
>
> 定义练习一中表格的宽度为600像素，高度为450像素，表格边框为2像素，背景颜色为"#f2f2f2"，单元格边距为8像素。

> **涨知识**
>
> 表格是否对背景图像进行水平方向和垂直方向的平铺，与图像和表格的相对尺寸有关。

（三）<tr>标签的属性

通过对<table>标签应用各种属性，可以控制表格的整体显示样式。但在制作网页时，有时需要表格中的某一行特殊显示，这时就可以为行标签<tr>定义属性，其常用属性如表6-3所示。

表6-3 <tr>标签的常用属性

属性	描述	常用属性值
height	设置行的高度	通常为像素值
align	设置一行内容的水平对齐方式	left、center、right
valign	设置一行内容的垂直对齐方式	top、middle、bottom
bgcolor	设置表格的背景颜色	预定义的颜色值、十六进制#RGB、rgb（r,g,b）
background	设置表格的背景图像	URL地址

说明：

表6-3中列出了<tr>标签的常用属性，其中大部分属性与<table>标签的属性相同，用法类似，为了加深初学者对这些属性的理解，通过一个实例演示行标签<tr>的常用属性效果。

【实例6-2】制作如表6-4所示的学生个人信息表格。

表6-4 学生个人信息表格

姓名	性别	班级	住址
王芳	女	五年级	海淀区
李晓玲	女	五年级	朝阳区
齐鲁伟	男	五年级	西城区

<body>标签中HTML结构核心代码如下：

```
<table border="1" width="400" height="240" >
  <tr height="80" align="center"  valign="center" bgcolor="#00CCFF">
    <!—定义行高为80，内容水平方向和垂直方向居中对齐，背景颜色为"#00CCFF"-->
    <td>姓名</td>
        <td>性别</td>
        <td>班级</td>
        <td>住址</td>
    </tr>
    <tr>
    <td>王芳</td>
        <td>女</td>
        <td>五年级</td>
        <td>海淀区</td>
    </tr>
    <tr>
        <td>李晓玲</td>
        <td>女</td>
        <td>五年级</td>
        <td>朝阳区</td>
    </tr>
    <tr>
    <td>齐鲁伟</td>
        <td>男</td>
        <td>五年级</td>
        <td>西城区</td>
    </tr>
</table>
```

说明：

在实例 6-2 的代码中，分别对表格标签<table>和第一个行标签<tr>应用相应的属性，用来控制表格和第一行内容的显示样式。

通过对行标签<tr>应用属性，可以单独控制表格中一行内容的显示样式。学习<tr>的属性时需要注意以下几点：

（1）<tr>标签无宽度属性width，其宽度取决于表格标签<table>。

（2）可以对<tr>标签应用 valign 属性，用于设置一行内容的垂直对齐方式。

（3）虽然可以对<tr>标签应用 background 属性，但是在<tr>标签中此属性兼容问题严重。

运行效果如图6-11所示。

通过图 6-11 可以看出，表格按设置的宽高显示，且位于浏览器的水平居中位置。其中，第一行内容按照设置的高度显示，文本内容水平居中垂直居上，且添加了背景颜色。

图6-11　行标签<tr>属性使用效果

涨知识

对于<tr>标签的属性了解即可，以后均可用相应的CSS样式属性进行替代。

（四）<td>标签的属性

通过对行标签<tr>应用属性，可以控制表格中一行内容的显示样式。但是在网页制作过程中，有时仅仅需要对某一个单元格进行控制，这时就可以为单元格标签<td>定义属性，其常用属性如表6-5所示。

表6-5　<td>标签的常用属性

属性	描述	常用属性值
width	设置单元格的宽度	通常为像素值
height	设置单元格的高度	像素值
align	设置单元格内容的水平对齐方式	left、center、right
bgcolor	设置单元格的背景颜色	预定义的颜色值、十六进制#RGB、rgb（r,g,b）
background	设置单元格的背景图像	URL地址
colspan	设置单元格横跨的列数（用于合并水平方向的单元格）	正整数
rowspan	设置单元格竖跨的行数（用于合并竖直方向的单元格）	正整数

表 6-5 中列出了<td>标签的常用属性，其中大部分属性与<tr>标签的属性相同，用法类似。与<tr>标签不同的是，可以对<td>标签应用 width属性和height属性，用于指定单元格的宽度和高度，还可以使用<background>标签向单元格中添加图片。最重要的是，<td>标签还拥有colspan属性和rowspan属性，用于对单元格的行或列进行合并，从而能够得到不规则的表格。

初学者对于<td>标签的colspan属性和rowspan属性可能不是很理解，下面通过实例

来演示如何通过使用rowspan属性和colspan属性分别在竖直方向和水平方向合并单元格。

【实例6-3】制作如表6-6所示的学生作息时间表格。

表6-6 学生作息时间表格

项目		夏季	冬季
上午	起床	6:00	6:00
	晨读和早练	6:30~7:00	6:30~7:00
	早餐	7:00	7:00
	第一节课	7:50~9:30	7:50~9:30
	第二节课	9:50~11:30	9:50~11:30
午餐时间		11:40	11:40
下午	第三节课	14:50~16:30	14:20~16:00
	第四节课	16:50~18:00	16:20~17:30
	晚餐时间	18:30	18:30

\<body>标签中的核心代码如下：

```
<table border="1">
<tr>
    <td colspan="2">项目</td><!—-这里进行了跨2列合并-->

    <td>夏季</td>
    <td>冬季</td>
 /tr>
<tr>
    <td rowspan="5">上午</td><!--这里进行了跨5行合并-->
    <td>起床</td>
    <td>6：00</td>
    <td>6：00</td>
</tr>
<tr>
    <td>晨读和早练</td>
    <td>6：30--7：00</td>
    <td>6：30--7：00</td>
</tr>
```

```
        <tr>
            <td>早餐</td>
            <td>7：00</td>
            <td>7：00</td>
        </tr>
        <tr>
            <td>第一节课</td>
            <td>7：50--9：30</td>
            <td>7：50--9：30</td>
        </tr>
        <tr>
            <td>第二节课</td>
            <td>9：50--11：30</td>
            <td>9：50--11：30</td>
        </tr>
    </tr>
    <tr>
            <td rowspan="3">下午</td><!--这里进行了跨3行合并-->
            <td>第三节课</td>
            <td>14：50--16：30</td>
            <td>14：20--16：00</td>
    </tr>
    <tr>
            <td colspan="2">午餐时间</td><!--这里进行了跨2列合并-->
            <td>11:40</td>
            <td>11:40</td>
        </tr>
        <tr>
            <td>第四节课</td>
            <td>16：50--18：00</td>
            <td>16：20--18：00</td>
        </tr>
        <tr>
```

```
            <td>晚餐时间</td>
            <td>18：30</td>
            <td>18：30</td>
        </tr>
    </table>
```

说明：

在实例 6-3 的代码中，"项目"单元格的<td>标签中colspan 属性值设置为"2"，表示这个单元格就会在横向上跨 2 列；从运行结果可以看出，"上午"和"起床"上方的单元格被合并。同时，由于"项目"单元格占用这行中两个单元格的位置，所以本行中只有 3 个<td>元素。

在"上午"单元格的<td>标签中rowspan 属性值设置为"5"，表示这个单元格就会在纵向上跨5行；从运行结果可以看出，"起床"到"第二节课"左侧的单元格被合并。同时，由于"上午"单元格占用这列中五个单元格的位置，所以仅在本行中有 4 个<td>元素，其余4个<tr>元素中只有 3 个<td>元素。

运行效果如图6-12所示。

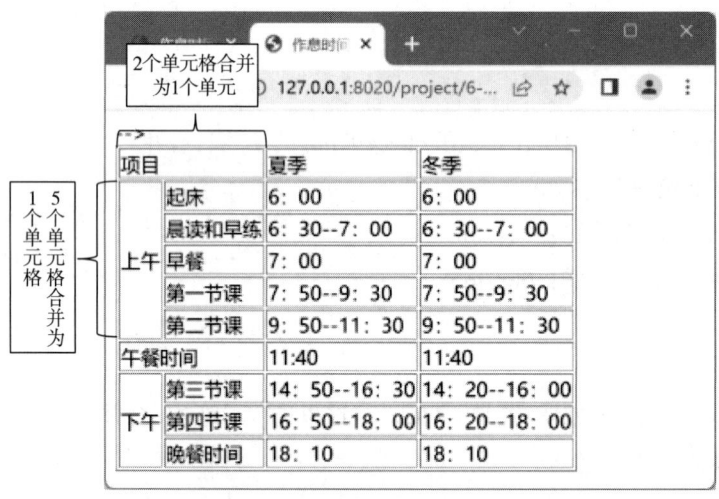

图6-12 合并水平和垂直方向的单元格

涨知识

1.在<td>标签的属性中，重点掌握colspan 和rolspan，其他属性了解即可，不建议使用，均可用CSS样式属性替代。

2.当对某一个<td>标签应用width属性设置宽度或应用height属性设置高度时，该列中的所有单元格均会以设置的宽度或设置的高度显示。

通过图 6-12 可以看出，设置了colspan=“2”的单元格“项目”水平方向跨 2 列，占用了其右方一个单元格的位置；设置了rowspan=“5”的单元格“上午”垂直方向跨 5 行，占用了其余 4 行的第一个单元格，使得其余 4 行只能有 3 个单元格。所以，在使用合并单元格属性后，一定要注意每一行中单元格的数量。

（五）<th>标签和<caption>标签

1. <th>标签

标签<th></th>的作用是用来设置表头。

应用表格时经常需要为表格设置表头，以使表格的格式更加清晰，方便查阅。表头一般位于表格的第一行或第一列，其文本加粗居中，如图 6-13 所示。设置表头非常简单，只需用表头标签<th></th>替代相应的单元格标签<td></td>即可。

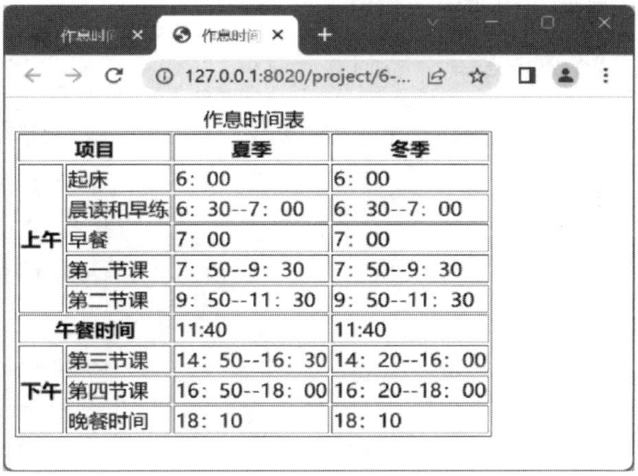

作息时间表

项目		夏季	冬季
上午	起床	6：00	6：00
	晨读和早练	6：30--7：00	6：30--7：00
	早餐	7：00	7：00
	第一节课	7：50--9：30	7：50--9：30
	第二节课	9：50--11：30	9：50--11：30
午餐时间		11:40	11:40
下午	第三节课	14：50--16：30	14：20--16：00
	第四节课	16：50--18：00	16：20--18：00
	晚餐时间	18：10	18：10

图6-13　表头标签的使用

<th></th>标签与<td></td>标签的属性、用法完全相同，但是它们具有不同的语义。<th></th>用于定义表头单元格，其文本默认为加粗居中显示，而<td></td>用于定义普通单元格，其文本为普通文本且水平左对齐显示，如图 6-13 所示。在实例6-3中设置横向表头，即将表格第一行设置为表头，修改代码如下：

```
<tr>
  <th colspan="2">项目</th>
  <th>夏季</th>
  <th>冬季</th>
</tr>
```

设置纵向表头，即将表格的第一列设置为表头，只需要对每行中的第一个单元格使用<th>标签，如将表格中的“上午”设置为纵向表头，代码如下：

```
<tr>
   <th rowspan="5">上午</th>
   <td>起床</td>
   <td>6：00</td>
   <td>6：00</td>
</tr>
```

2. \<caption\>标签

\<caption\>标签的作用是给表格添加一个标题。

应用表格时经常要给表格添加一个标题，说明表格的内容，\<caption\>标签可以给表格添加标题，如图6-13中在表格的上方添加了标题"作息时间表"，即在实例6-3的\<table\>标签后添加代码如下：

```
<caption>作息时间表</caption>
```

说明：

\<caption\> 标签必须紧随 \<table\> 标签之后，只能对每个表格定义一个标题。通常这个标题会被居中于表格之上。

> **小试身手**
>
> 制作如图6-14所示的表格。
>
> | 空间站成组人员名单 |||
> | :---: | :---: | :---: |
> | 发射时间 | 飞船名称 | 人员名单 |
> | 2022年6月4日 | 神舟十四 | 陈冬
刘洋
蔡旭哲 |
> | 2022年11月28日 | 神舟十五 | 费俊龙
邓清明
张陆 |
> | 2023年5月29日 | 神州十六号 | 景海鹏
朱杨柱
桂海潮 |
>
> 图6-14 不规则表格

二、CSS3控制表格样式

虽然使用表格标签和标签的属性可以制作各种表格，但是表格的样式很单调。利用CSS3中的有关表格的属性，可以定义表格的边框、高度、宽度、颜色等，使得表格样式更加新颖，不再单调。

在CSS3中常用于表格的属性如表6-7所示。

表6-7 表格常用的CSS3属性

属性	描述	常用属性值
width	设置单元格的宽度	通常用像素值、百分比
height	设置单元格的高度	通常用像素值、百分比
text-align	设置 \<th\> 或 \<td\> 中内容的水平对齐方式（左、右或居中）	通常用left、center、right
vertical-align	设置 \<th\> 或 \<td\> 中内容的垂直对齐方式（上、下或居中）	通常用top、middle、bottom

续表

属性	描述	常用属性值
border	简写属性。在一条声明中设置所有边框属性	通常用像素值
padding	设置所有内边距属性	通常用像素值或auto百分比
margin	设置所有外边距属性	通常用像素值或auto百分比
background-color	设置单元格的背景颜色	预定义的颜色值、十六进制#RGB、rgb（r,g,b）
Background-image	设置背景图像	url（图像路径）
border-spacing	规定相邻单元格之间的边框的距离	通常用像素值
border-collapse	规定是否应折叠表格边框	Separate、collapse

表 6-7 中的CSS3 属性只是表格定义样式时最常用的一部分，还有其他的可以使用于表格的CSS3 属性，这里不再一一列出。下面对其中的常用属性通过实例演示进行讲解。

（一）CSS3 中border属性和border-colapse属性控制表格边框

1. border属性

虽然使用<table>标签的border 属性可以为表格设置边框，但是这种方式设置的边框效果并不理想，如果要更改边框的颜色或边框大小就会很困难；而使用CSS3 中边框样式属性border可以轻松地控制表格的边框样式。在实例6-1中添加内部样式表，代码如下：

```
<style type="text/css">
table{
    width:400px;
    height:300px;
    border:3px dashed #30F; /*设置table的边框为3px,虚线dashed,颜色#30f*/
    }
th,td{border:1px solid #30F;} /*为单元格单独设置边框*/
</style>
```

运行效果如图 6-15 所示。

通过图 6-15 可以看出，表格边框定义的是 3px 的虚线，单元格边框单独设置为 1px 的实线，表格与单元格之间，单元格与单元格的边框之间存在一定的空白距离。 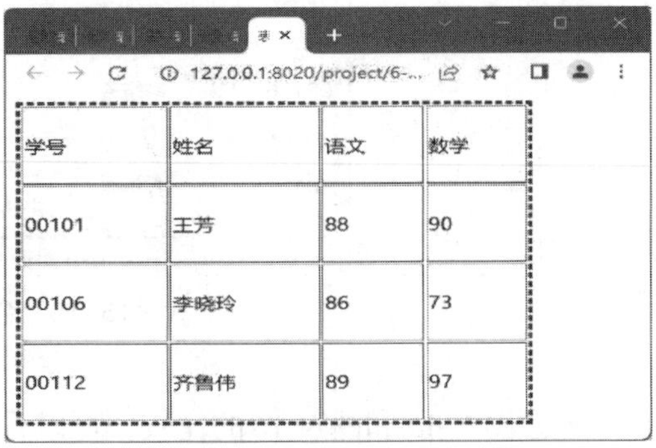

图 6-15 CSS3控制表格边框

> **涨知识**
>
> border属性是CSS3样式表中简写的边框属性，必须按宽度、样式、颜色的顺序定义边框的样式的值。边框的宽度、边框的样式、边框的颜色可以分别用border-width、border-style、border-color来定义。

2. border-colapse属性

如果要去掉表格边框与单元格以及单元格与单元格之间的空白距离，得到常见的细线边框效果，就需要使用边框的border-colapse属性，将单元格的边框进行合并。border-colapse属性有两个值：collapse，边框会合并为一个单一的边框；separate，边框会被分开。在实例6-1中添加内部样式表，代码如下：

```
<style type="text/css">
table{
    width:400px;
    height:300px;
    border:3px dashed #30F;     /*设置table的边框*/
    border-collapse:collapse;    /*边框合并*/
    /*border-collapse:separate;*/   /*边框分离*/
}
th,td{border:1px solid #30F;}    /*为单元格单独设置边框*/
</style>
```

运行效果如图6-16所示。

图6-16 合并表格边框

通过图6-15和图6-16的比较，可以看出，单元格的边框发生了合并，出现了常见的单线边框的效果。

涨知识

1.border-collapse 属性的属性值除了collapse（合并）之外，还有一个属性值为separate（分离），通常表格中边框都默认为separate。

2.当表格的border-collapse 属性设置为collapse时，HTML中设置的cellspacing属性值无效。

小试身手

1. 将练习三中的表格利用CSS3样式属性定义其高度为800像素，以及宽度为600像素。

2. 将练习三中的表格的线条呈现出细线条的效果，表格的外边框呈现出2像素的实线。

3. 将练习三的第一行使用"blue"作为背景颜色。

（二）CSS3中padding属性和margin属性控制单元格边距

在使用<table>标签的属性美化表格时，可以通过cellpadding和cellspacing分别控制单元格内容与边框之间的距离以及相邻单元格边框之间的距离。这种方式与盒子模型中设置内外边距非常类似，那么使用CSS对单元格设置内边距padding和外边距margin样式能不能实现这种效果呢？

在实例6-2中添加内部样式表，代码如下：

```
<style type="text/css">
table{
    border:1px solid #30F;        /*设置table的边框*/
}
th,td{
    border:1px solid #30F;        /*为单元格单独设置边框*/
     padding:50px;                /*为单元格内容与边框设置20px的内边距*/
    margin:50px;                  /*为单元格与单元格边框之间设置20px的外边距*/
}
</style>
```

运行后的效果如图6-17。

图6-17 内外边距属性的使用

通过图6-17可以看出，单元格内容与边框之间拉开了一定的距离，但是相邻单元格边框之间的距离没有任何变化，即对单元格设置的外边距属性margin没有生效。

> **涨知识**
>
> 1. <th>和<td>标签无外边距属性margin，要想设置相邻单元格边框之间的距离，只能对<table>标签应用HTML标签属性cellspacing。
> 2. 行标签<tr>无内边距属性padding和外边距属性margin。

（三）CSS3中background-color属性控制表格的背景

我们已经学习过使用<table>标签的属性来控制表格的背景颜色或背景图像，但由于标签属性的局限性，现在尽量不再使用标签的属性来修饰表格，而是使用CSS3样式表中的属性background-color控制表格中的背景颜色或属性background-image控制表格的背景图像，灵活运用CSS3中的背景属性能够给表格带来意想不到的效果。

下面在实例6-2中通过内部样式表添加背景颜色和背景图片。

添加背景颜色代码如下：

```
<style>
table {
    border-collapse: collapse;
    width: 100%;
    background-color: #f2f2f2; /* 设置表格的背景颜色*/
}
</style>
```

添加背景图片代码如下：

```
<style>
table {
    border-collapse: collapse;
    width: 100%;
    background-image:url(images/1.jpg) ;    /*设置表格的背景图片*/
}
</style>
```

运行后效果如图6-18和图6-19。

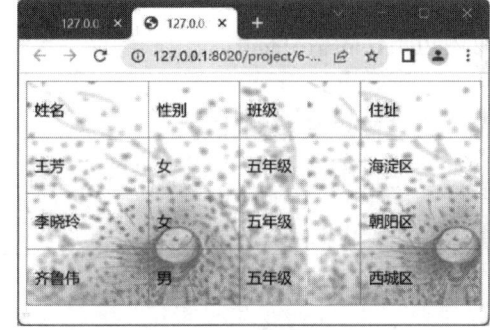

图6-18　添加背景颜色属性　　　　　　图6-19　添加背景图像属性

涨知识

利用CSS3中伪类选择器nht-child()给表格添加背景颜色，表格可以得到奇数行和偶数行背景颜色不同的效果，如：tr:nht-child(even) {background-color: #f2f2f2;} 设置表格偶数行的背景颜色。

任务实现　革命景区旅游统计表

小斌学习了表格的相关知识后，准备制作一张近几年他去过的革命老区旅游景点的统计表放在自己的网页中，这样可以清楚地展示自己已经去过的革命景区。表格样式如表6-8所示。

表6-8　革命景区旅游一览表

景点名称	所在地	出行时间	出行天数
西柏坡纪念馆	石家庄平山县	2021.7.7	3
沂蒙山根据地	山东沂水县	2021.10.2	5
井冈山革命遗址	吉安井冈山市	2022.8.9	6

续表

景点名称	所在地	出行时间	出行天数
韶山毛泽东故居	湖南韶山市	2023.7.8	5
百色起义纪念园	广西百色市	2023.7.12	3
延安革命纪念地	陕西延安市	2024.7.5	6

一、解析任务

该表格是一个10行4列的规则表，外边框是粗线，内边框是细线，表头内容字体为黑体，居中，加粗显示；除表头外的内容为仿宋体，水平左对齐，垂直居中对齐，有内边距；表格有标题。

二、简单表格制作

首先制作一个7行4列的没有定义样式的表格网页tourist.html。

代码如下：

```
<head>
<meta charset="utf-8"/>
<title>革命景区旅游一览表</title>
</head>
<body>
<table border="1" align="center" width="800"  >       <!—定义表格-->

    <caption>革命景区旅游一览表</caption>             <!—定义标题-->
    <tr>
    <th>景点名称</th>
        <th>所在地</th>
        <th>出行时间</th>
        <th>出行天数</th>
    </tr>
    <tr>
        <td>西柏坡纪念馆</td>
        <td>石家庄平山县</td>
        <td>2021.7.7</td>
        <td>3</td>
    </tr>
    <tr>
```

```
            <td>沂蒙山根据地</td>
            <td>山东沂水县</td>
            <td>2021.10.2</td>
            <td>5</td>
        </tr>
        <tr>
            <td>井冈山革命遗址</td>
            <td>吉安井冈山市</td>
            <td>2022.8.9</td>
            <td>6</td>
        </tr>
        <tr>
            <td>韶山毛泽东故居</td>
            <td>湖南韶山市</td>
            <td>2023.7.8</td>
            <td>5</td>
        </tr>
        <td>百色起义纪念园</td>
            <td>广西百色市</td>
            <td>2023.7.12</td>
            <td>3</td>
        </tr>
        <tr>
        <td>延安革命纪念地</td>
            <td>陕西延安市</td>
            <td>2024.7.5</td>
            <td>6</td>
        </tr>
</body>
</html>
```

运行效果如图6-20所示。

三、使用CSS3样式美化表格

使用已经学过的CSS3样式表属性按所设计表格的样式对表格tourist.html进行修饰，将使用的CSS3的属性写在style06.css文件中。

图6-20　无修饰表格的运行效果图

代码如下：

```
table {
    border: 2px solid;
    border-collapse: collapse;
    }
th {border: 1px solid;}
    td {
    border: 1px solid;
    text-align: left;
    padding: 8px;
    }
/*tr:nht-child(even) {background-color: #f2f2f2;}设置表格的背景颜色*/
```

说明：

如果要使表格中偶数行的背景颜色与奇数行背景颜色不同，可以添加代码tr：nht-child（even）{background-color：#f2f2f2;}。

运行后效果如图6-21。

图6-21　CSS3样式美化后的表格

知识拓展

一、表格的分组标签

浏览器在显示表格时，理论上是把表格全部加载完成后才进行显示。这种方式在加载较大表格时，可能会给用户带来不愉快的体验。此时，可以使用按行分组显示的形式创建表格。

按行分组把表格的结构按照整体和局部的关系分为表头、表尾和主体三部分，分别使用<thead>…</thead>、<tbody>….</tbody>和<tfoot>…</tfoot>三对标签来区分三个部分，如下表6-9所示。

表6-9 表格的分组标签

属性	描述
thead	定义表格中的表头内容
tbody	定义表格中的主体内容
tfoot	定义表格中的表注内容（脚注）

说明：

如果使用<thead>标签、<tfoot>标签以及<tbody>标签，就必须使用全部的元素。它们的出现次序是：<thead>、<tfoot>、<tbody>，这样浏览器就可以在收到所有数据前呈现其表尾了。必须在 table 元素内部使用这些标签。

①thead元素中一般包括表格表头、表格标题。

②tfoot元素中一般包括表格中放在表格尾部的制表日期、制表人、制表单位等说明性的内容。

③tbody元素主要是表格的正文内容。

> **涨知识**
>
> 使用<thead>标签、<tfoot>标签以及<tbody>标签将表格进行分组。分组的好处，当创建某个表格时，您如果希望每一页都拥有一个表头，以及位于底部的一个表尾，那么这种划分使浏览器有能力支持独立于表格表头和表尾的表格正文滚动。

将标签应用在表格中的格式如下：

```
<table>
    <thead>          <!--表格头部-->
        <caption></caption>
        <tr>
            <th>...</th>
```

```
            ...........
          </tr>
      </thead>
      <tbody>          <!---表格主体部分-->
         <tr>
            <td>...</td>
            ...........
         </tr>
         ...........
      </tbody>
      <tfoot>          <!---表格尾部-->
         <tr>
            <td>...</td>
            ...........
         </tr>
      </tfoot>
</table>
```

小试身手

制作表图 6-22 所示的学生成绩表，并且使用<thead>标签、<tfoot>标签、<tbody>标签对表格进行分组。

学号	姓名	HTML静态网页	英语	JAVA基础	总分
20190101001	马哲	90	88	92	270
20190101002	杨红樱	95	86	90	271
20190101003	李娜娜	82	78	85	245
20190101004	孙源	93	87	96	276
20190101005	朱晓平	89	78	85	252
20190101006	刘鸿	78	91	88	257
平均分		87.83	84.67	89.12	267.33
总平均分					87.21
制表人：朱莉； 审核：张娜娜						

学生成绩单

图 6-22　学生成绩表

二、表格内嵌入标签

表格中单元格的内容几乎可以放HTML下的所有标签，即可以实现元素在单元格中的嵌套，所以表格之前用来布局网页。下面通过实例进行展示。

【实例6-4】在一个表格的单元格中分别嵌套段落、列表、图像。

代码如下：

```html
<!DOCTYPE HTML>
<html>
  <head>
    <meta charset="utf-8"/>
    <title>表格中的标签</title>
  </head>
  <body>
        <table border="1">
          <tr>
           <td>
              <p>高举中国特色社会主义伟大旗帜，全面贯彻新时代中国特色社会主义思想，弘扬伟大建党精神，自信自强、守正创新，踔厉奋发、勇毅前行，为全面建设社会主义现代化国家、全面推进中华民族伟大复兴而团结奋斗。</p>          <!--嵌入段落-->
           </td>
            <td>这个单元包含一个表格：
             <table border="1">               <!--嵌入表格-->
               <tr>
                 <td>思想教育</td>
                 <td>科学教育</td>
               </tr>
               <tr>
                 <td>心理教育</td>
                 <td>法律教育</td>
               </tr>
             </table>
            </td>
         </tr>
         <tr>
           <td>这个单元包含一个列表：
             <ul>                              <!--嵌入列表-->
               <li>中国共产党建党一百周年</li>
               <li>中国特色社会主义进入新时代</li>
               <li>实现第一个百年目标</li>
             </ul>
           </td>
```

网页设计基础

```
                    <td><img    src="images/1.jpg"></td>         <!--嵌入图像-->
                </tr>
            </table>
        </body>
</html>
```

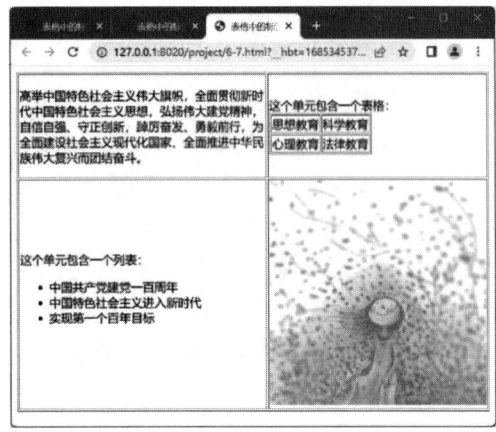

图6-23 嵌套多个元素的表格

运行效果如图6-23。

通过图6-23可以看出，表格中已经嵌套了要求的内容，可以使用表格属性或CSS3样式属性对单元格中的内容进行修饰。在早期的HTML版本中，使用表格嵌套来布局网页，但是随着HTML的发展，早已经不再使用这种功能来布局网页了。但是，灵活地使用表格的嵌套仍然可以达到精美布局局部内容的效果。

知识巩固

【要求】

（1）使用表格的格式和表格的相应属性。

（2）能够使用CSS3美化表格。

【内容】

根据提供的素材制作图6-24中的表格。

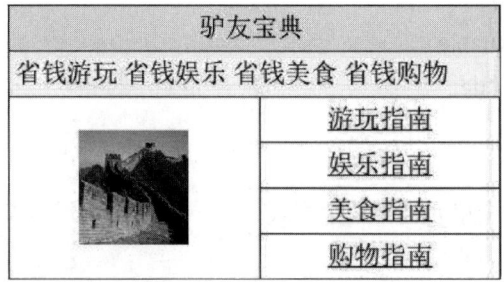

图6-24 制作的表格图

170

任务七 设计表单

学习目标

知识目标：了解表单基本概念；
　　　　　　掌握表单的组成；
　　　　　　掌握input元素的使用方法；
　　　　　　掌握新增的表单元素；
　　　　　　掌握CSS3中表格样式的定义。
技能目标：能够灵活地制作各种表单；
　　　　　　能够使用CSS3美化表单。

任务描述　注册表单的制作

小斌希望只有在他的网站上注册的用户，才可以下载用户喜欢的摄影作品，并且用户也可以通过搜索引擎在他的网站中查找到个人喜欢的摄影作品。小斌通过AI知道，必须学会表单，才能够完成任务注册表的制作。

知识准备

一、认识表单

表单是HTML文档的一个重要组成部分，一般来说，网页通常会通过"表单"形式收集来自用户的信息，然后将表单收集的数据返回服务器，以备登录或查询之用，从而实现Web搜索、注册、登录、问卷调查等功能。

一般表单的创建需要3个步骤：
第1步：决定要搜集的数据，即决定表单需要搜集用户的哪些数据。
第2步：建立表单，根据第1步的要求选择合适的表单元素控件来创建表单。

第3步：设计表单处理程序——用于接收浏览者通过表单所输入的数据并将数据进行进一步处理。

举例来说，如果要模拟实现某网站新用户注册的表单，第1步，应该确定需要用户的哪些信息；第2步使用表单控件（如文本框、提交按钮等）来创建表单；第3步编写服务器端动态网页程序（通常由ASP.NET、JSP、PHP等技术实现），将数据收集到数据库中。

（一）表单的构成

在HTML中，一个完整的表单通常由表单控件、提示信息和表单域3部分构成（图7-1），对于表单构成中的表单域、提示信息和表单控件的具体解释如下：

（1）表单域：相当于一个容器，用来容纳所有的表单控件和提示信息，可以通过它定义、处理表单数据所用程序的URL地址以及数据提交到服务器的方法。如果不定义表单域，则表单中的数据无法传送到后台服务器。

（2）提示信息：一个表单中通常还需要包含一些说明性的文字，提示用户进行填写和操作。

（3）表单控件：包含了具体的表单功能项，如单行文本输入框、密码输入框、复选框、提交按钮、搜索框等。

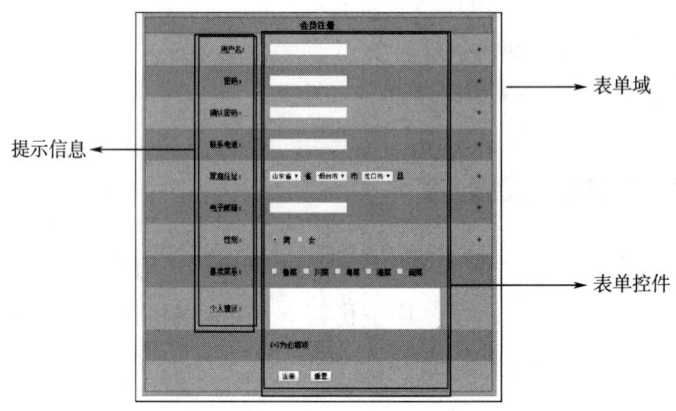

图7-1　表单的构成

（二）创建表单

在HTML5中，使用<form></form>标签定义表单域，即创建一个表单，以实现用户信息的收集和传递，<form></form>中所有收集的内容都会被提交给服务器。

创建表单的基本语法格式如下：

```
<form action="URL地址" method="提交方式" name="表单名称">
    表单控件
</form>
```

说明：

<form></form>标签之间定义用户需要使用的表单控件。

action、method和name 为表单标签<form>的常用属性，其作用是将收集的数据用method指定的提交方式发送给action提供的服务器地址以接收和处理数据。

（三）表单属性

表单拥有多个属性，通过设置表单属性可以实现提交方式、自动完成、表单验证等不同的表单功能，表单的常用属性如表7-1所示。

表7-1 表单的常用属性

属性	描述	属性值
action	规定当提交表单时，接收发送表单数据的地址	绝对URL或相对URL
method	规定发送表单数据方法	get或post
name	规定表单的名称	用户自定义
autocomplete	规定表单是否应该启用自动完成功能	on或off
novalidate	规定提交时不应验证表单	novalidate

下面对表单的常用属性依次进行讲解。

1. action属性

在表单收集到信息后，需要将信息传递给服务器进行处理，action属性用于指定接收并处理表单数据的服务器程序的URL地址。

基本语法格式：

```
<form action="URL地址">
```

说明：

action 的URL地址可以是相对路径或绝对路径，例如：<form action=" action_page.php">表示当提交表单时，表单数据会传送到名为"form_action.asp"的程序去处理。

action 的URL地址还可以为接收数据的E-mail邮箱地址。例如：<form action="mailto：htmlcss@163.com">表示当提交表单时，表单数据会以电子邮件的形式传递出去。

2. method属性

method 属性用于设置表单数据的提交方式，其取值为get或post。在HTML5 中，可以通过<form>标签的method 属性指明表单处理服务器数据的方法。

基本语法格式：

```
<form method="get|post">
```

说明：

采用 get 方法，浏览器将会与表单处理服务器建立连接，然后直接在一个传输步骤中发送所有的表单数据，浏览器会将数据直接附在表单的 action 指定的地址之后，这两者之间用问号进行分隔。例如：<form action="form_action.asp" method="get">在传输中，浏览器将收集到的数据直接附在form_action.asp之后，中间用问号分隔。

使用get方式提交数据时，需要注意：

（1）get以名称/值对的形式将表单数据追加到 URL之后。

（2）get适用于非安全数据，永远不要使用 get 发送敏感数据！（提交的表单数据在URL中可见！）

（3）URL 的长度受到限制，所以利用get方法只能发送只有少数简短字段的小表单。

使用post方法时，浏览器将会按照下面两步来发送数据。首先，浏览器将与action属性中指定的表单处理服务器建立联系；然后，浏览器按分段传输的方法将数据发送给服务器。另外，post方式的保密性好，并且无数据量的限制，所以使用method="post"可以大量提交数据。

3. name属性

form 元素的 name 属性用于指定表单的名称，它提供了一种在脚本中引用表单的方法。

基本语法格式：

```
<form name="表单的名称">
```

4. autocomplete属性

autocomplete 属性用于指定表单是否有自动完成功能，所谓"自动完成"，是指将表单控件输入的内容记录下来，当再次输入时，会将输入的历史记录显示在一个下拉列表里，以实现自动完成输入。

基本语法格式：

```
<form autocomplete="on|off">
```

该属性的值如表7-2所示。

表7-2　aotocomplate的属性值

属性值	描述
on	为默认值，规定启用自动完成功能
off	规定禁用自动完成功能

5. novalidate属性

novalidate 属性用于指定在提交表单时取消对表单进行有效的检查。为表单设置该属性时，可以关闭整个表单的验证，这样可以使<form>标签内的所有表单控件不被验证。

基本语法格式：

```
<form  novalidate ="novalidate">
```

说明：

novalidate 属性是一个布尔属性，也可以直接使用属性名。例如：在<form action="/action_page.php" novalidate>中，novalidate只使用了属性名。

【实例7-1】创建一个简单的表单实例，在<form>标签中使用action和method属性。

在<body>标签中输入代码如下：

```
<!DOCTYPE HTML>
<html>
    <head>
        <meta charset="utf-8"/>
        <title>一个简单的表单实例</title>
    </head>
    <body>
        <form action="http://www.mysite.cn/index.asp" method="get">
                                                        <!--表单域-->
        账号                                  <!--提示信息-->
        <input type="text" name="zhanghao" />    <!--表单控件-->
        密码                                  <!--提示信息-->
        <input type="password" name="mima" />    <!--表单控件-->
        <input type="submit" value="提交"/>       <!--表单控件-->
        </form>
    </body>
</html>
```

运行效果如图7-2所示。

图7-2　表单实例运行效果

在账号文本框中输入内容 1234，密码文本框中输入内容 5678 后，点击提交按钮，收集的数据通过 get 方法发送给 action 指定的 URL，在浏览器地址栏中的显示效果如图 7-3 所示。

图 7-3　method="get"URL 中的效果

通过图 7-3 可以看出，在 URL 地址栏里不仅显示了账号文本框中输入的内容，还显示了密码文本框中输入的内容。所以，不能使用 get 方法发送敏感数据。

利用 post 方法发送时，浏览器地址栏中的显示效果如图 7-4 所示。

图 7-4　method="post"URL 中的效果

二、表单控件

<form></form>标签只构建了一个表单域，相当于一个容器，通过它可以收集和发送数据。但要使表单有意义，就必须在<form></form>标签之间添加相应的表单控件。

在表单中常用的表单控件如表 7-3 所示。

表 7-3　表单中的常用控件

表单控件	描述
input	用于搜集用户信息的文本框，根据 type 属性值的不同，有多种形式
select	创建单选或多选菜单
option	用于定义列表中的可用选项，与 select 元素配合使用此标签，否则标签没有意义
textarea	定义多行的文本输入
datalist	定义选项列表，与 input 元素配合使用，来定义 input 可选的值
button	定义一个按钮

下面对表 7-3 中部分表单控件进行详细的讲解。

（一）input 控件

<input/>标签是表单中最重要的标签，type 属性是该标签最基本的属性，根据 type

属性值的不同，可以定义多种形式的控件。<input/>标签还有一些其他属性，其常用属性如表7-4所示。

表7-4 <input/>标签的常用属性

属性	描述
type	定义多种形式的控件
name	定义控件名称
value	input控件中定义默认值或在改变按钮上的默认文本
size	input控件中定义在页面中的显示宽度，可用CSS样式代替
readonly	定义内容为只读
disabled	第一次加载时页面禁止使用该控件（显示为灰色）
checked	定义默认被选择的内容
maxlength	允许输入的最多字符数
autocomplete	设定是否启用自动完成功能
autofocus	指定内容加载后是否自动获取焦点
form	指定控件属于哪一个或多个表单
list	指定候选数据值列表
multipe	指定输入框是否可以选择多个值
min、max和step	规定输入框所允许输入的最大值、最小值及步长
placeholder	在输入框中提供可描述输入字段预期值的提示信息
required	规定必须在提交之前填写输入字段

下面对<input />标签的常用属性中部分属性进行讲解。

1. type属性

根据不同的 type 属性值，输入字段拥有很多种形式。type属性的属性值如表 7-5 所示。

表7-5 type属性的属性值

属性值	描述
text	定义单行文本的输入，默认宽度为20字符，如用户名、账号等
password	定义密码的输入，该字段中的字符被掩码，以圆点形式显示
radio	定义单选按钮
checkbox	定义复选框
submit	定义提交按钮，提交按钮会把表单数据发送到服务器

续表

属性值	描述
reset	定义重置按钮，重置按钮会清除表单中的所有数据
button	定义可点击按钮（多数情况下，用于通过JavaScript启动脚本）
image	定义图像形式的提交按钮
hidden	定义字段对于用户是不可见的
file	定义输入字段和"浏览"按钮，供文件上传
number	定义用于应该包含数字值的输入字段，经常与min、max、step属性一起使用
email	定义包含电子邮件地址的输入字段，能够在被提交时自动对电子邮件地址格式进行验证
url	定义应该包含URL地址的输入字段，在提交时能够自动验证URL字段
tel	定义应该包含电话号码的输入字段
search	用于搜索字段（搜索字段的表现类似常规文本字段）
color	定义应该包含颜色的输入字段，颜色选择器会出现在输入字段中
range	定义颜色选择器会出现在输入字段中，输入字段能够显示为滑块控件，经常与min、max、step属性一起使用
Date	定义日期应该包含的输入字段，日期选择器会出现在输入字段中
month	允许用户选择月份和年份，日期选择器会出现在输入字段中
week	允许用户选择周和年，日期选择器会出现在输入字段中
time	允许用户选择时间（无时区），时间选择器会出现在输入字段中
datetime	允许用户选择日期和时间（有时区），日期选择器会出现在输入字段中

说明：

①定义type="radio"时，必须为同一组中的单选按钮定义相同name属性的值，这样"单选"功能才能实现。

②type="submit"是表单的核心控件，用户完成信息的输入后，一般需要单击提交按钮才能够完成表单数据的发送。

③type="image"时必须使用src属性定义图像的URL地址，才能够使用该图像作为按钮。

④定义type="file"时，将出现一个"选择文件"按钮和提示信息文本，用户可以通过单击按钮然后直接选择文件的方式，将文件提交给后台服务器。

⑤type="search"是一种专门用于输入搜索关键词的文本框，它能够保存以前输入的内容，并在输入时在文本框右侧出现一个删除按钮，便于快速清除内容。

⑥定义type="range"能提供一定范围内数值的输入，在网页中显示为滑动条，如

图 7-5 所示。可以通过 min、max、step 对该输入字段进行限制，还可以通过使用鼠标拖动或点击滑动条上的滑块改变数据的输入。

图 7-5　滑动条

⑦HTML5 中 type 属性的一些值，不是所有的浏览器都支持，在文本中使用时一定要注意。

【实例 7-2】使用 input 控件的 type 属性制作一个表单。

代码如下：

```html
<!DOCTYPE HTML>
<html>
    <head>
        <meta charset="utf-8"/>
        <title>简单的表单</title>
    </head>
    <body>
        <form action="#" method="post">
        用户名：                                        <!--text单行文本输入框-->
        <input type="text" value="张三" maxlength="6" /><br /><br />
        密码：                                          <!--password密码输入框-->
        <input type="password" size="40" /><br /><br />
        性别：                                          <!--radio单选按钮-->
        <input type="radio" name="sex" checked="checked" />
        <input type="radio" name="sex" />女<br /><br />
        兴趣爱好：                                      <!--checkbox复选框-->
        <input type="checkbox" />唱歌
        <input type="checkbox" />跳舞
        <input type="checkbox" />游泳<br /><br />
        上传个人简介：
        <input type="file" /><br /><br />                <!--file文件域-->
        <input type="submit" />                          <!--submit提交按钮-->
        <input type="reset" />                           <!--reset重置按钮-->
         <input type="button" onclick="alert（'欢迎你的到来'）" value="点击一下" />
                                                         <!--button普通按钮-->
        <input type="image" src="images/2.jpg" align="center" />
                                                         <!--image图像域-->
          <input type="hidden" />                        <!--hidden隐藏域-->
    </body>
</html>
```

说明：

在【实例7-2】中，对<input />标签的type属性应用了不同的属性值，定义了不同类型的input控件，并且对其中一部分<input />标签使用了其他可选属性。

①使用maxlength和value属性定义的单行文本框，用于设置输入时允许输入的最大字符数和默认显示的文本。

②通过size属性定义密码输入框的宽度。

③通过name和checked属性定义单选按钮的名称和默认选项。

运行效果如图7-5所示。

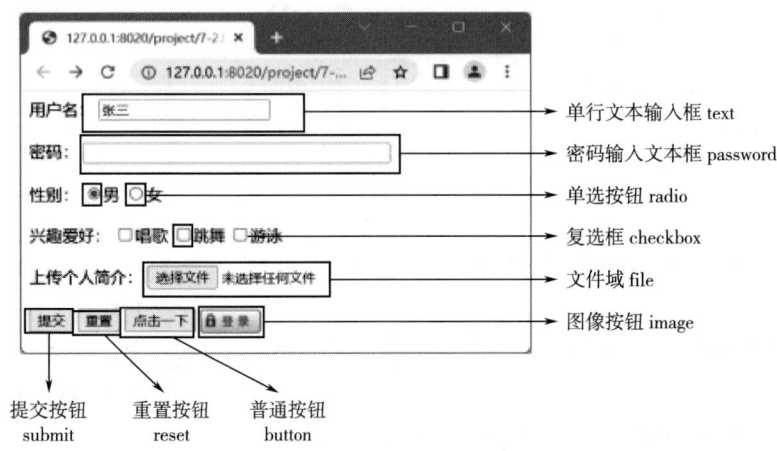

图7-5　type属性的效果

通过图7-5可以看出，不同类型的input控件外观不同，当对它们进行操作时，不同的控件显示效果也不一样。如输入密码时，其内容以实心圆点形式显示。

2. readonly 属性

readonly 属性规定输入字段为只读，不能修改。该属性是布尔属性，不需要设置值，可以直接使用readonly，等同于 readonly="readonly"。例如：在下面文本框中使用readonly属性：

学历：<input type="text" name="edu" value="大学" readonly>

3. disabled 属性

disabled 属性规定输入字段是禁用的，被禁用的元素是不可用和不可点击的，被禁用的元素不会被提交。该属性同样是布尔属性，不需要设置值。例如，在下面文本框中使用disable属性：

提示框:<input type="text" name="cue" value="disable属性定义不会被提交" disabled>

运行效果如图7-6所示。

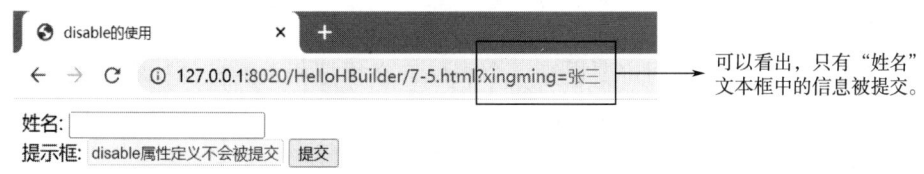

图 7-6　disable属性的使用

4. maxlength属性

设置 maxlength 属性，则输入控件不会接受超过所允许数的字符个数，该属性不会提供任何提示信息，来提示用户输入的字符个数已经超出允许输入的字符数。如果需要提醒用户，则必须编写 JavaScript 代码。例如：在下面文本框中使用maxlenght属性，允许输入的最大字符数为10：

> 姓名:<input type="text" name="xingming" maxlength="10">

运行效果如图7-7所示。

通过图 7-7 可以看出，虽然文本框的宽度大于10个字符的长度，但是10个字符以后输入的内容却无法显示在文本框中。

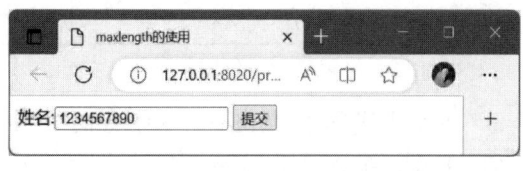

图 7-7　maxlength属性的使用

5. autocomplete属性

autocomplete 属性用于指定表单是否有自动完成功能，"自动完成"是指将表单控件输入的内容记录下来，当再次输入时，会将输入的历史记录显示在一个下拉列表里，以实现自动完成输入。autocomplete属性有 2 个值，on：表单有自动完成功能；off：表单无自动完成功能，属性默认为on。可以把表单的 autocomplete 设置为 on，同时把特定的输入字段设置为 off，反之也可以。

autocomplete 属性适用于<form>标签，以及下面的<input>类型：text、search、url、tel、email、password、date pickers、range以及color。

例如：在下面表单和文本框中分别使用autocomplete属性。

代码如下：

```
<form action="#" autocomplete="on">
   姓名:<input type="text" name="xingming"><br>
   地址: <input type="text" name="dizhi "><br>
   E-mail: <input type="email" name="email" autocomplete="off"><br>
   <input type="submit">
</form>
```

6. form属性

在HTML5之前，如果用户要提交一个表单，必须把相关的控件标签都放在表单内部，即<form>和</form>标签之间。在提交表单时，会将页面中不是表单子标签的控件直接忽略掉。

HTML5中的form属性，可以把表单内的子标签写在页面中的任一位置，只需为这个标签指定form属性并设置属性值为该表单的id即可。此外，form属性还允许规定一个表单控件从属于多个表单。

如在表单中使用form属性，代码如下：

```
<form action="#" method="get" id="form1">
    姓名: <input type="text" name="xingming" />
    <input type="submit" value="提交" />
</form>
    <p>下面的"地址"字段位于form 元素之外，但仍然是表单的一部分。</p>
    地址: <input type="text" name="dizhi" form="form1" />
```

说明：

在上述代码中，form元素中有两个<input />标签定义的字段，而"地址"字段的输入文本框在form元素之外，为了能够将地址栏的数据一起收集，在"地址"的<input />标签中使用了form属性，指出该input元素所属的表单。运行结果如图7-8、图7-9所示。

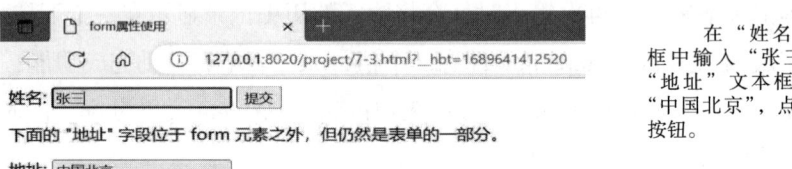

在"姓名"文本框中输入"张三"，在"地址"文本框中输入"中国北京"，点击提交按钮。

图7-8 提交前输入信息的form表单

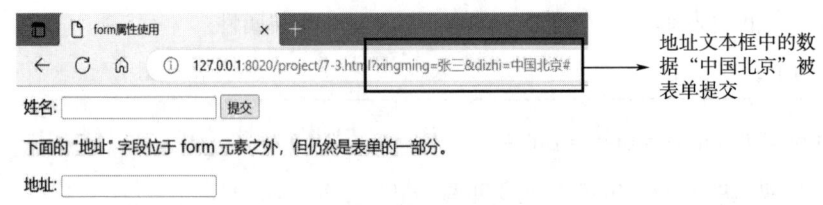

地址文本框中的数据"中国北京"被表单提交

图7-9 提交后form表单外的信息被收集

7. autofocus属性

使用autofocus属性，页面中的文字输入框会自动获得光标焦点，以方便输入文本中的内容。autofocus属性是布尔属性，所以直接使用autofocus或autofocus="autofocus"。如输入文本框中使用autofocus属性，代码如下：

姓名:<input type="text" name="xingming" autofocus>

8. list属性

list属性用于在input元素中指定输入框所绑定的datalist元素预定义的值，它的属性值是该datalist元素的id。该属性的使用方法，将在datalist控件中一起讲解。

9. multipe属性

multiple属性指定输入框可以选择多个值，该属性是布尔属性，适用于在select列表框中选择多个选项，也适合于email 域和file 域的input元素。当muliple 属性用于email 类型的input元素时，表示可以向文本框中输入多个E-mail地址，多个地址之间通过逗号（,）分开；multiple 属性用于 file类型的imput 元素时，表示可以选择上传一个以上的文件。如在下面file类型的文本框中使用multiple属性：

选择图像: <input type="file" name="filename" multiple>

运行效果如图7-10所示。

通过图 7-10 可以看出，点击"选择文件"按钮后，一次选择了 8 个文件。这8个文件可以同时提交。

图7-10　multiple属性的使用

10. min、max和step属性

min、max和step属性用于为包含数字或日期的input类型规定限定（约束）。min属性规定输入字段所允许的最小值；max属性规定输入字段所允许的最大值；step属性规定元素的合法数字间隔，即步长，step 属性可与 max 以及 min 属性一同使用，来创建符合要求的取值。如在下面number类型的文本框中定义最小值为 0，最大值为10，步长为2：

选择取值：<input type="number" name="points" min="0" max="10" step="2" />

11. height 和 width 属性

height 和 width 属性仅用于定义 <input type="image">中图像的大小。其中，height属性用于规定图像的高度；width属性用于规定图像的宽度。如在下面使用高度为 60，宽度为60的图像作为按钮：

<input type="image" src="2.jpg" alt="Submit" width="60" height="60">

12. placeholder属性

placeholder 属性用于为 input 类型的输入框提供相关提示信息，以描述输入框期待用户输入何种内容。在输入框为空时显式出现，而当输入框获得焦点时则会消失。如在下面文本框中使用placeholder属性：

姓名：<input type="text" name="xingming" placeholder="请在此输入姓名">

运行效果如图7-11所示。

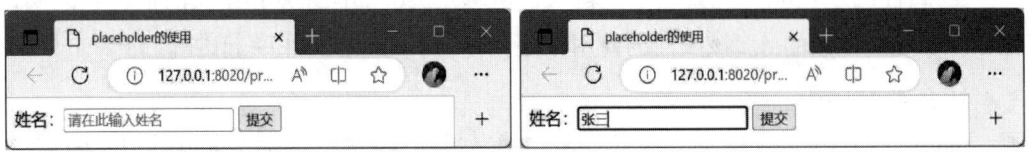

图7-11　placeholder属性的使用

13. required属性

默认情况下，输入元素不会自动判断用户是否在输入框中输入了内容，如果开发者要求输入框的内容是必须填写的，那么需要为input元素指定required属性。required属性用于规定输入框填写的内容不能为空，否则不允许用户提交表单，required 属性是布尔属性。如在下面文本框中使用required属性：

姓名：<input type="text" name="xingming" placeholder="请在此输入姓名" required>

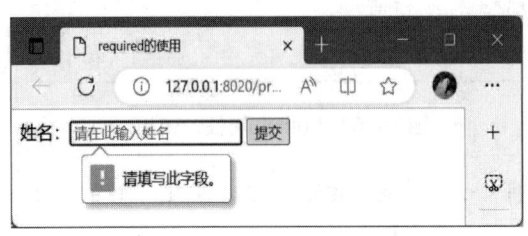

图7-12　required属性的使用

运行效果如图7-12所示。

通过图 7-12 可以看出，当使用了required属性，如果文本框中没有输入内容而提交时，就会出现"请填写此字段"的提示信息，要求用户必须填写该字段。

（二）textarea控件

当定义input 控件的type 属性值为text时，可以创建一个单行文本输入框。但是，如果需要输入大量的文本信息，单行文本输入框就不再适用，为此 HTML 语言提供了<textarea></textarea>标签，实现多行文本的输入。通过 textarea控件可以轻松地创建多行文本输入框。

基本语法格式：

<textarea cols="每行的字符个数" rows="显示的行数">
文本内容
</textarea>

说明：

textarea控件中的cols属性用来定义多行文本输入框每行中的字符数，rows属性用来定义多行文本输入框显示的行数，它们的取值均为正整数。

注意当对textarea控件应用cols和rows属性时，多行文本输入框在各浏览器中的显示效果可能会有差异。所以，更常用的方法是使用CSS的width和height属性来定义多行文本输入框的宽高。

textarea控件的常用属性如表7-6所示，使用方法与input控件中的属性大致相同，在此不再累述。

表7-6　textarea控件的常用属性

属性	描述
cols	规定文本区的宽度（以平均字符数计）
rows	规定文本区内的可见行数
name	定义控件名称
disabled	第一次加载时页面禁止使用该控件（显示为灰色）
maxlength	允许输入的最多字符数
form	指定控件属于哪一个或多个表单
required	规定必须在提交之前填写输入字段

【实例7-3】在【实例7-2】的基础上，在"上传个人简介"后添加一个"留言板"字段。核心代码如下：

留言板：
<textarea cols="60" rows="6">这里可以留言</textarea>

运行效果如图7-13所示。

图7-13　textarea控件的使用

（二）select控件

在表单中经常会看到包含多个选项的下拉菜单，如选择所在的城市、职务、选修课程等。制作这种下拉菜单效果，就需要使用select控件，select 元素可创建单选或多选菜单。

基本的语法格式：

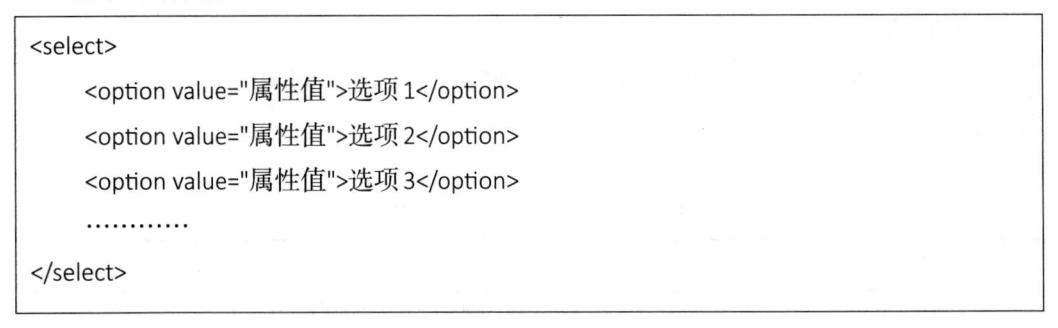

```
<select>
    <option value="属性值">选项 1</option>
    <option value="属性值">选项 2</option>
    <option value="属性值">选项 3</option>
    …………
</select>
```

说明：

<select></select>标签用于在表单中添加一个下列表框，<option></option>标签嵌套在<select></select>标签中，用于定义列表中的可用选项。在<select>元素中至少包含一个<option></option>标签。

select控件的常用属性如表7-7所示。

表7-7　select控件的常用属性

属性	描述
multiple	规定可选择多个选项
size	规定下拉列表中可见选项的数目
name	定义控件名称
disabled	规定禁用该下拉列表
form	指定控件属于哪一个或多个表单
required	规定必须在提交之前填写输入字段

option元素的常用属性如表7-8所示。

表7-8　option元素的常用属性

属性	描述
selected	规定下拉列表框中显示的默认选项
value	定义送往服务器的选项值

【实例7-4】在【实例7-3】的基础上，在"性别"后添加一个"籍贯"字段。

代码如下：

```
籍贯：                                           <!--select下拉列表框-->
    <select name="district">
        <option value="1" selected="selected">北京</option>
        <option value="2">上海</option>
        <option value="3">天津</option>
        <option value="4">山东</option>
        <option value="5">江苏</option>
        <option value="6">浙江</option>
        <option value="7">湖北</option>
        <option value="8">湖南</option>
    </select><br /><br />
```

运行效果如图7-14所示。

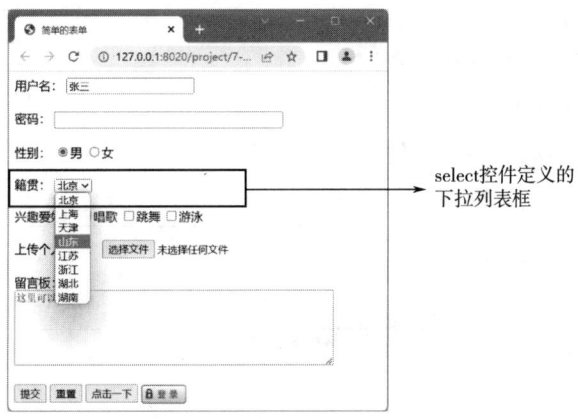

图7-14　select控件的使用

（三）datalist控件

<datalist>标签通常与<input>标签配合使用，来定义input输入框中取值的预选项。用户会在他们输入数据时看到预选项的下拉列表，用户可以在预选项中选择，也可以直接输入其他内容。

基本的语法格式：

```
<input    list="id属性值" />
<datalist id="属性值">
  <option value="属性值1">
  <option value="属性值2">
```

```
    <option value="属性值3">
    ............
</datalist>
```

说明：

<datalist></datalist>标签中会通过嵌套<option>标签添加预选项，每个<option>标签都必须使用value属性确定预选项。

必须给<datalist>元素定义id属性，<input>元素必须通过<datalist>元素的id属性值，才能够使用<datalist>元素中的预选项。

【实例7-5】在【实例7-4】的基础上，在"性别"后添加"职务"字段。

代码如下：

```
职务：              <!--datalist预选项-->
<input list="aa"/>
        <datalist id="aa">
                <option value="小学生">
                <option value="中学生">
                <option value="大学生">
        </datalist><br /><br />
```

运行效果如图7-15所示。

图7-15　datalist控件的使用

三、CSS3控制表单样式

使用表单的目的是提供更好的用户体验，在网页设计时，不仅需要设置表单相应的功能，而且希望表单控件的样式更加美观。通过使用前面学习的CSS3的样式属性能够美化表单控件的样式。本节通过一个具体的实例来展示CSS3对表单样式的美化，其效果如图7-16所示。

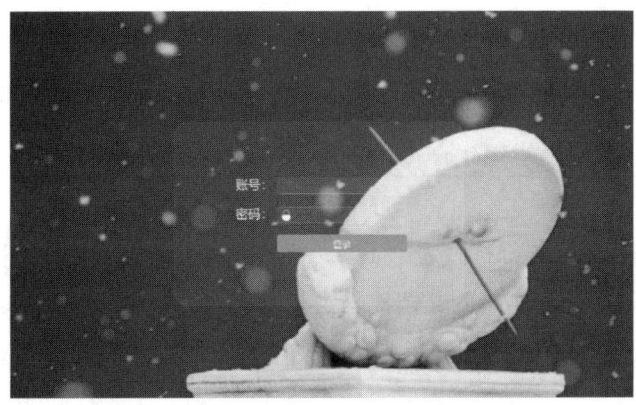

图7-16　CSS3定义样式的表单效果图

通过图7-16可以看出，整个表单不再是简单单调的外观样式，而是经过了CSS3样式的美化，如表单在网页的中心位置，整个表单半透明，所有的边框是圆角，并且定义了网页背景、字体样式等。

【实例7-6】使用CSS3样式美化登录表单。

下面是该表单的HTML文档代码：

```
<!DOCTYPE HTML>
<html>
<head>
<meta charset="utf-8"/>
<title>CSS3美化表单</title>
<link href="style.css" type="text/css" rel="stylesheet" />
</head>
<body>
<form action="#" method="post">
    <p>
      <span>账号：</span>
      <input type="text" name="username" class="num"　/>
    </p>
    <p>
      <span>密码：</span>
      <input type="password" name="pwd" class="pass" />
    </p>
    <p>
```

```
            <input type="button" class="btn01" value="登录"/>
        </p>
</form>
</body>
</html>
```

说明：

该HTML文档调用了外部样式表"style.css"，完成表单外观样式的美化。

下面是外部样式表style.css的文档代码：

```
@charset "utf-8"/;
/* CSS Document */
body{font-size:18px; font-family:"微软雅黑"; background:url(images/time.jpg) no-repeat top center; color:#FFF;}
form,p{ padding:0;
     margin:0;
     border:0;}      /*重置浏览器的默认样式*/
p{
     margin-top:15px;
     text-align:center;
}
form{
     width:420px;
     height:200px;
     padding-top:60px;
     margin:250px auto;                    /*使表单在浏览器中居中*/
     background:rgba(255,255,255,0.1);
                                           /*为表单添加背景颜色*/
     border-radius:20px;
     border:1px solid rgba(255,255,255,0.3);
     }
p span{
     width:60px;
     display:inline-block;
     text-align:right;
     }
.num,.pass{                    /*对文本框设置共同的宽、高、边框、内边距*/
```

```
        width:165px;
        height:18px;
        border:1px solid rgba(255,255,255,0.3);
        padding:2px 2px 2px 22px;
        border-radius:5px;
        color:#FFF;
        }
    .num{                                         /* 定义第一个文本框的背景、文本颜色 */
        background:url(images/6.png) no-repeat 5px center rgba(255,255,255,0.1);
        }
    .pass{                                        /* 定义第二个文本框的背景 */
        background: url(images/4.png) no-repeat 5px center rgba(255,255,255,0.1);
        }
    .btn01{
        width:190px;
        height:25px;
        border-radius:3px;                        /*设置圆角边框*/
        border:2px solid #000;
        margin-left:65px;
        background:#57b2c9;
        color:#FFF;
        border:none;
        }
```

说明：

通过运行【实例7-6】的代码能够得到图7-16的表单效果，可以看出，通过使用CSS3就能轻松地实现表单外观样式的定义。

任务实现　制作注册表单

现在小斌学习过表单的知识以后，可以很有把握地制作一个用户注册的网页，用户注册后可以获得更多的访问权限。

一、解析任务

通过观察其他的个人网站和分析自己的网站需求，小斌认为在他建立的用户注册表单中需要包括以下几项：账号名、邮箱、手机号、登录密码、网站协议和创建支付账号，并且要通过CSS对用户注册表单进行必要的美化。

二、设计表单样式

用户注册表单的设计样式如图7-17所示。

图7-17　用户注册表单样式

三、制作简单表单

<body>标签中HTML结构核心代码如下：

```
<body>
    <div class="form-container">
        <h2>用户注册</h2>
        <form action="/submit-your-form-url" method="post">
            <label for="username">账号名:</label>
            <input type="text" id="username" name="username" required>
            <label for="email">邮箱:</label>
            <input type="email" id="email" name="email" required>
            <label for="phone">手机号:</label>
            <input type="tel" id="phone" name="phone" required pattern="［0-9］{10,13}" title="请输入有效的手机号">
            <label for="password">登录密码:</label>
            <input type="password" id="password" name="password" required minlength="8">
            <label>
                <input type="checkbox" id="agree" name="agree">
                我同意网站协议
            </label><br>
            <label>
```

```
                    <input type="checkbox" id="createPayment" name="createPayment">
                    同步创建支付账号
            </label><br>
            <input type="submit" value="注册">
        </form>
    </div>
</body>
```

四、美化制作的表单

对制作好的表单通过CSS3样式属性进行进一步的美化，达到用户喜欢的美图效果。

<style>标签中样式表定义的核心代码如下：

```
<style>
        /* 为整个表单添加样式 */
        .form-container {
            width: 300px;
            margin: 50px auto;
            padding: 20px;
            border: 1px solid #ccc;
            border-radius: 45px; /* 圆角边框 */
            box-shadow: 0 0 10px rgba(0, 0, 0, 0.1); /* 阴影效果 */
        }

        /* 可以在这里添加更多的样式来美化表单 */
        form {
            display: flex;
            flex-direction: column; /* 使表单元素垂直排列 */
        }

        label {
            margin-bottom: 5px; /* 标签与输入字段之间的间距 */
        }

        input[type="text"],
        input[type="email"],
        input[type="tel"],
```

```css
        input [type="password"]{
            margin-bottom: 15px;
            padding: 10px;
            border: 1px solid #ddd;
            border-radius: 5px; /* 输入字段的圆角 */
        }

        input [type="submit"]{
            background-color: #4CAF50;
            color: white;
            padding: 10px 20px;
            border: none;
            border-radius: 5px; /* 按钮圆角 */
            cursor: pointer; /* 鼠标悬停时显示指针 */
        }
        input [type="submit"] :hover {
            background-color: #45a049; /* 按钮悬停时的背景色 */
        }
    </style>
```

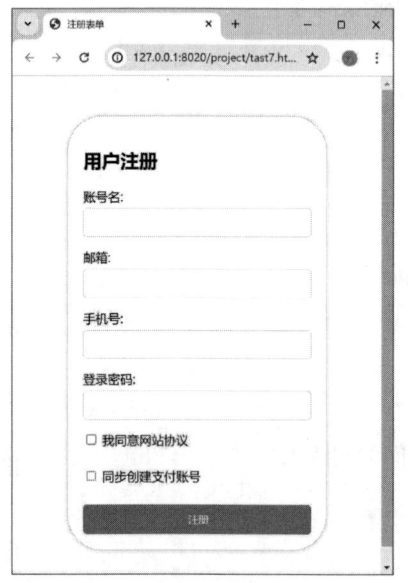

图7-18 用户注册表单的运行效果图

运行后效果如图7-18所示。

说明：

在用户注册表单中，为了美化表单，创建了一个名为.form-container的CSS类，用于将表单居中并为其添加圆角边框、阴影等样式。然后，将这个类应用到了包含表单的<div>元素上。此外，还为表单内的输入字段和提交按钮添加了一些基本的样式，以提高表单的整体美观性。

知识拓展

表单边框的应用如下：

<fieldset></fieldset>标签用于将指定的表单字段框起来，实现表单的分组。它可以与<legend></legend>标签一起使用，<legend></legend>标签可以在方框的左上角添加说明文字。

【实例7-7】制作一个简单的健康调查表单。

代码如下：

```
<!DOCTYPE HTML>
<html>
    <head>
        <meta charset="utf-8"/>
        <title>fieldset的使用</title>
    </head>
    <body>
        <form>
                    姓名：
            <input type="text" />
            年龄：
            <input type="text" /><br />
            <fieldset>                          <!--fieldset分组表单字段-->
                <legend>健康信息</legend>      <!--legend添加说明文字-->
                身高：<input type="text" />
                体重：<input type="text" />
            </fieldset>
        </form>
    </body>
</html>
```

运行效果如图7-19所示。

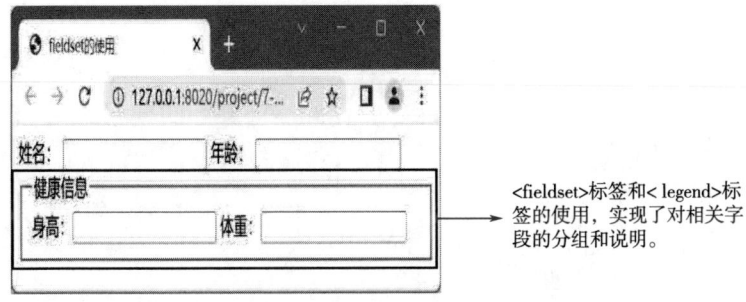

图7-19　<fieldset>标签和< legend>标签的使用

知识巩固

【要求】

（1）使用HTML5中表单相关的标签。

（2）利用CSS3中表单的样式属性，完成表单练习题。

【内容】

完成修改个人信息的表单制作，如图7-20所示。

图7-20　修改个人信息表单练习题

任务八　运用浮动和定位布局网页

学习目标

知识目标：掌握元素的类型和转换；
　　　　　掌握浮动属性、清除处理、溢出处理；
　　　　　掌握元素的定位方式。
技能目标：能正确应用盒子模型布局网页页面；
　　　　　能灵活运用定位技术布局网页。

任务描述　时代印记主页制作

为了创建更加灵活、复杂的网页布局，需要学习浮动和定位，再与盒子模型相结合便可以实现网页美观合理的布局。

知识准备

一、布局的概述

读者在阅读报纸时会发现，虽然报纸中的内容很多，但是经过合理的排版，版面依然清晰、易读，如图8-1所示的报纸排版。同样，在制作网页时，也需要对网页进行"排版"。网页的"排版"主要是通过布局来实现的。在网页设计中，布局是指对网页中的模块进行合理的排布，使页面排列清晰、美观易读。网页布局是网页设计的重要组成部分之一，它不仅影响到网页的视觉效果，还直接影响到用户体验和网站的功能性。

网页设计中的布局主要依靠div+css技术来实现。本任务中的div不仅指前面讲到过的<div>标签，而且它是能够承载各种标签内容的容器。在div+css布局技术中，使用div进行内容区域的分配布局，使用CSS定义呈现的样式效果，因此网页中的布局也常被称作div+css布局。

需要注意的是，为了提高网页制作的效率，布局时通常需要遵循一定的布局流程，具体如下。

（一）确定页面的版心宽度

"版心"一般在浏览器窗口中水平居中显示，常见的宽度值为960px、950px、1000px、1200px等。

（二）分析页面中的模块

在运用CSS布局之前，首先要对页面有一个整体的规划，包括页面中有哪些模块，以及模块之间关系（关系分为并列关系和包含关系）。例如：图8-1所示为最简单的页面布局，该页面主要由头部（header）、导航栏（nav）、内容（content）、页面底部（footer）四部分组成。

图8-1　页面布局图例

（三）控制网页的各个模块

当分析完页面模块后，就可以运用盒子模型的原理，通过div+css布局来控制网页的各个模块。初学者在制作网页时，一定要养成分析页面布局的习惯，这样可以提高网页制作的效率。

二、布局常用属性

在使用div+css进行网页布局时，经常会使用一些属性对标签进行控制，常见的属性有浮动属性（float属性）和定位属性（position属性）。接下来，本节将对这两种布局常用属性进行具体介绍。

（一）元素的浮动

如果没有对网页进行布局，浏览器默认的排版方式是将页面中的元素从上到下一一罗列。如图8-2展示的就是采用默认排版方式的效果。可以看出，块元素按自上而下的顺序排列，页面布局非常不合理。进行合理的布局后如图8-3所示。

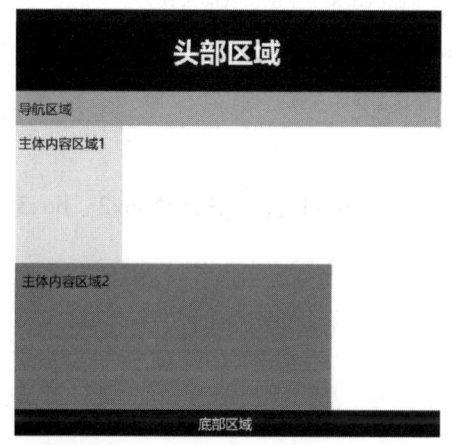

图8-2　布局前的默认排版

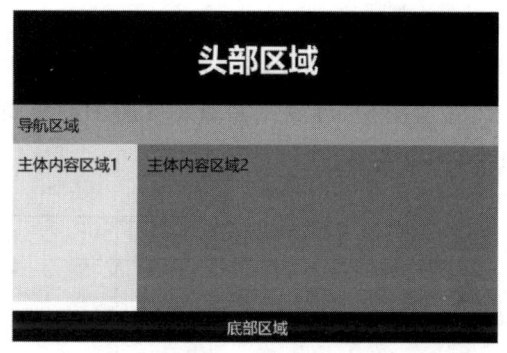

图8-3　布局后的排版

通过对比图 8-2 和图 8-3 可以看出，图 8-3 是更加理想的网页布局，想要得到图 8-4 的布局效果，就必须为元素设置浮动属性。下面详细讲解浮动属性的相关知识。

1. 浮动属性（float属性）

浮动作为CSS的重要属性，被频繁地应用在网页制作中，它可以控制元素在网页中的位置。当我们将一个元素设置为浮动时，它会脱离标准文档流并向左或向右移动，直到它的边缘碰到其容器或另一个浮动元素的边缘。标准文档流是指元素按照其在HTML中的位置顺序决定排布的过程，主要的形式是自上而下（块级元素），一行接一行，每一行从左至右（行内元素）。在CSS中，通过 float 属性来定义元素的浮动。

基本语法格式如下：

选择器{float：属性值；}

说明：

①浮动的框可以向左或向右移动，直到它的外边缘碰到包含框或另一个浮动框的边框为止。

②由于浮动框不在文档的普通流中，所以文档的普通流中的块框表现得就像浮动框不存在一样。

③如果包含框太窄，无法容纳水平排列的多个浮动元素，那么其他浮动块向下移动，直到有足够的空间。如果浮动元素的高度不同，那么当它们向下移动时可能被其他浮动元素"卡住"。

float属性的常用属性值有3个，具体如表8-1所示。

表8-1 float的常用属性值

属性值	描述
none	默认值，元素不会浮动（将显示在文本中刚出现的位置）
right	元素浮动在其容器的右侧
left	元素浮动在其容器的左侧

下面通过【实例8-1】了解float属性的使用。

【实例8-1】制作如图8-4所示的布局样式。其中在box1盒子中嵌套box2、box3、box4三个盒子。

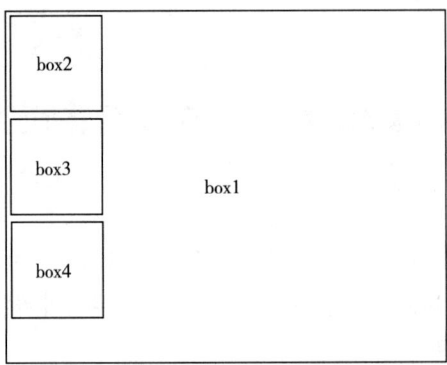

图8-4 没有浮动的布局样式

2. 遵循文档流的布局样式

图8-4布局样式的HTML文档核心代码如下：

```
<div class="box1">
    <div class="box">box2</div>
    <div class="box">box3</div>
    <div class="box">box4</div>
    <p>box1</p>
</div>
```

<style>标签中样式表定义的核心代码如下：

```
<style>
.box1{
    border-style: solid;
    border-color: #000000;
```

```
        border-width: 2px;
        width: 600px;
        height: 300px;
        padding: 5px;
}
.box{
         border-style: solid;
        border-color: #000000;
        border-width: 2px;
        width: 120px;
        height: 120px;
        margin: 5px;
        padding: 5px;
}
</style>
```

说明：

在该HTML文档代码中，外侧的div元素使用了类选择器box1的样式，定义了一个宽度为600像素，高度为300像素，边框为黑色实线的盒子。

在这个box1盒子中嵌套了三个使用了类选择器box的div元素，其宽度为120像素，高度为120像素，边框为黑色实线的相同样式的盒子，分别是box2、box3、box4。浏览器在解析时，按文档流的顺序自顶向下进行排列。

3. 依次移动三个盒子的布局样式

按图8-5移动三个盒子的布局样式。

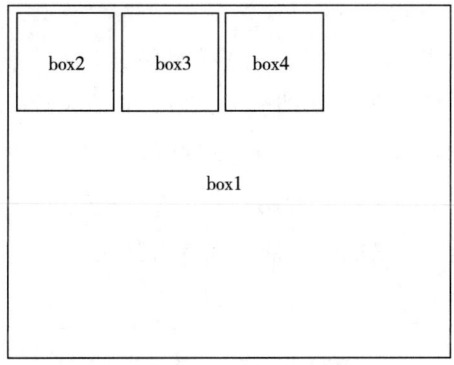

图8-5　移动三个盒子的布局样式

在8-1.css样式表的类选择器.box中添加如下代码：

```
float: left;                  /*float属性，向左浮动*/
```

说明：

由于在选择器box中使用了float：left，使三个盒子依次向左浮动，box2盒子在遇到父元素box1的边缘时停止浮动，box3、box4盒子分别在遇到前一个盒子的边缘时停止浮动，所以box2、box3、box4实现并行排列。

> **小知识**
>
> 在子元素都使用浮动后，必须设置其父元素的高度。不然，父元素受子元素浮动的影响，没有设置高度的父元素会变成一条直线，即父元素中没有自适应的元素内容。

4. 清除浮动属性clear

我们希望得到如图8-6所示的布局样式，但是在对box2使用了float属性使其向右浮动后，结果变成了如图8-7所示的布局样式。

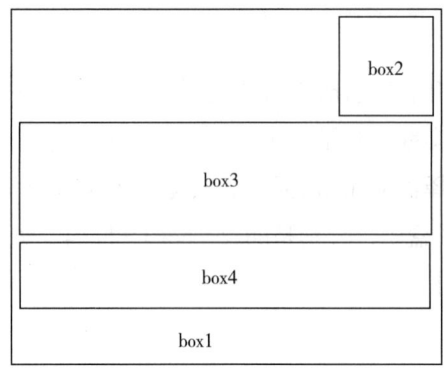

图8-6　想要的布局样式

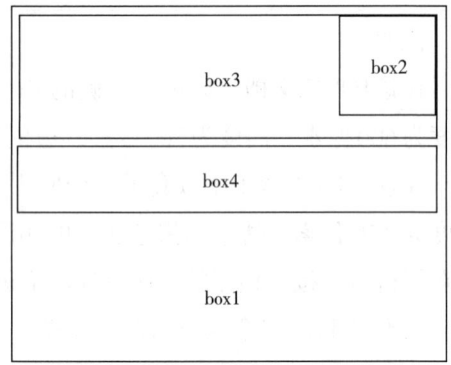

图8-7　box2使用float属性后布局样式

这是由于当box2向右浮动时，它脱离了文档流并且向右移动，直到它的右边缘碰到box1的右边缘。因为它不再处于文档流中，所以它不占据空间，但是box3和box4还在文档流中，就会向上移动直到碰到box1的上边缘。因此，最终的结果是box2覆盖在了box3的上面。要解决这个问题就要使用到一个新的属性clear。

clear属性的作用是指定元素的哪一侧不允许有其他浮动元素。

基本语法格式：

```
选择器{ clear:属性值；}
```

clear属性有4个常用属性值，如表8-2所示。

表8-2 clear属性的常用属性值

属性值	描述
left	在左侧不允许浮动元素
right	在右侧不允许浮动元素
both	在左右两侧均不允许浮动元素
none	默认值，允许浮动元素出现在两侧

下面通过【实例8-2】了解clear属性的使用。

【实例8-2】制作图8-6的布局样式。

<body>标签中HTML结构的核心代码如下：

```
<div id="box1">
    <div id="box2">box2</div>
    <div id="box3">box3</div>
    <div id="box4">box4</div>
    <p>box1</p>
</div>
```

<style>标签中样式表定义的核心代码如下：

```
<style>
body div{
    border-style: solid;
    border-color: #000000;
    border-width: 2px;
}
#box1{
    width: 600px;
    height: 400px;
    padding: 5px;
}
#box2{
    width: 120px;
    height: 120px;
    float: right;              /*float属性，向左浮动*/
    margin: 5px;
    padding: 5px;
}
```

```
#box3{
    width: 500px;
    height: 120px;
    clear: right ;                /*clear属性，清除向右浮动*/
    margin: 5px;
    padding: 5px;
}
#box4{
    width: 500px;
    height: 60px;
    margin: 5px;
    padding: 5px;
}
</style>
```

说明：

id选择器"box2"中float属性的值为right，所以box2盒子浮动到父元素box1的右侧边缘，为了使得盒子box3能够放置在box2的下方，就必须使用clear属性清除box2盒子的右浮动，即clear：right；通过clear属性清除右浮动后，就可以实现如图8-6所示的布局。

利用float属性和clear属性可以灵活地实现网页的简单布局。

【实例8-3】制作图8-2所示的简单网页布局。

<body>标签中HTML结构核心代码如下：

```
<body>
    <div id="header">
    <h1>头部区域</h1>
    </div>
        <div id="nav">
    导航区域
     </div>
    <div id="section1">
    主体内容区域1
    </div>
    <div id="section2">
    主体内容区域2
     </div>
```

```
        <div id="footer">
    底部区域
        </div>
</body>
```

<style>标签中样式表定义的核心代码如下：

```
<stype>
#header {
        background-color:black;
        color:white;
        text-align:center;
        padding:5px;
        width: 500px;
}
#nav {
        line-height:30px;
        background-color:aquamarine;
        height:30px;
        width:500px;
        padding:5px;
}
#section1{
         line-height:30px;
        background-color:#eeeeee;
        height:150px;
        width:120px;
        float: left;           /*定义float属性值为left*/
        padding:5px;
}
#section2 {
        width:350px;
        float: left;             /*定义float属性值为left*/
        padding:10px;
        width: 360px;
        background-color: #57B2C9;
```

```
        height:150px;
}
#footer {
        background-color:black;
        color:white;
        clear:both;
        text-align:center;
        padding:5px;
        width: 500px;
}
</style>
```

说明：

在该HTML文档中，使用了五个div容器，分别使用"header""nav""section1""section2""footer"五个id选择器定义了它们的样式，形成五个块区域。每个块区域中可以放置需要的网页元素。这就是使用div+css进行网页的布局。其中，为了实现"主体区域内容1"和"主体区域内容2"能够并列，在"section1"和"section2"两个id选择器中使用了"float：left"；并且在id选择器"footer"中使用了"clear：both"清除两侧的浮动，使"底部区域"块可以放置在最下端。

（二）元素的定位

浮动布局虽然灵活，但是却无法对元素的位置进行精确控制。制作网页时，如果希望内容出现在某个特定的位置，就需要使用定位属性对元素进行精确定位。元素的定位属性主要包括以下方面。

1. 定位方式

在CSS中，position属性用于定义元素的定位方法的类型。

基本语法格式：

选择器 {position：属性值；}

position属性的常用值有4个，分别表示不同的定位方法，如表8-3所示。

表8-3　position属性的常用值

属性值	描述
static	默认值，自动定位，元素出现在正常的流中
relative	相对定位，相对于其原文档流的位置进行定位，它原本所占的空间仍保留
absolute	绝对定位，相对于其上一个已经定位的父元素进行定位
fixed	固定定位，相对于浏览器窗口进行定位

2. 定位偏移量

position属性定义了元素定位方法的类型，但并不能确定元素在网页中的精确位置；必须通过偏移属性，才可以精确定位元素的位置。偏移属性定义了定位元素外边距边界与其父元素边界之间的偏移量，取值为数值或百分比。

偏移属性如表8-4所示。

表8-4　偏移属性

属　性	描　述	常用属性值
left	左侧偏移量，定义标签相对于其父元素左边线的距离	像素值或百分比
right	右侧偏移量，定义标签相对于其父元素右边线的距离	像素值或百分比
top	顶部偏移量，定义标签相对于其父元素上边线的距离	像素值或百分比
bottom	底部偏移量，定义标签相对于其父标签下边线的距离	像素值或百分比
z-index	定义元素的堆叠顺序	像素值或百分比

说明：

①必须先设置position属性，否则表8-4中属性在定位时将不起作用。

②根据position属性值的不同，表8-4中属性的工作方式也不同。

3. 静态定位

当position：static时，元素处于静态定位状态，静态定位的元素不会以任何特殊方式定位，它始终根据页面的正常文档流进行定位。这是元素的默认定位方式。

任何元素在默认状态下都会以静态定位来确定自己的位置，所以当元素没有定义position属性时，它会遵循默认值显示为静态定位。静态定位的元素不受top、bottom、left和right属性的影响。

4. 相对定位

当position：relative时，元素处于相对定位状态。相对定位的元素会相对于原来文档流的位置进行定位。如果对一个元素进行相对定位，可以设置相对定位元素的top、right、bottom和left属性，使这个元素"相对于"它的起点在水平和垂直方向上进行移动，但元素原来文档流中的位置仍旧保留，不会对其余内容进行调整来适应元素移动后留下的任何空间。如图8-8所示，将box-3向右移动150像素，向下移

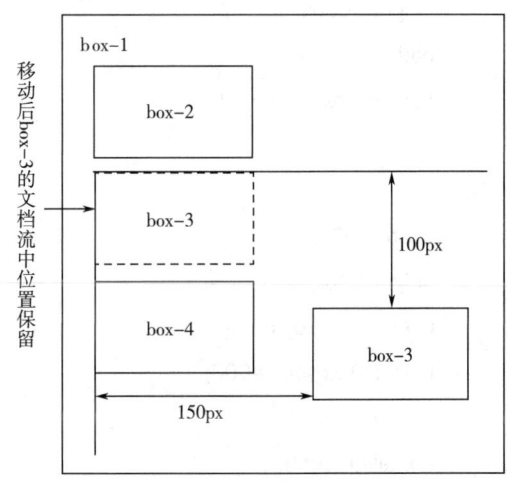

图8-8　相对定位box3盒子

动100像素。

【实例8-4】实现图8-8所示box3盒子的相对定位。

<body>标签中HTML结构核心代码如下：

```
<body>
   <div class="box1">
        box-1
        <div class="box">box-2</div>
        <div class="box" id="box3">box-3</div>
           <div class="box">box-4</div>
   </div>
</body>
```

<style>标签中样式表定义的核心代码如下：

```
<style >
body{
      margin:0px;
      padding:0px;
      font-size:15px;
      font-weight:bold;
 }
.box1{
      margin:10px auto;
      width:300px;
      height:300px;
      padding:10px;
      border:1px solid #000;
}
.box{
      width:100px;
      height:50px;
      line-height:50px;
      border:1px solid #000;
      margin:10px 0px;
      text-align:center;
}
```

```
#box3{
    position:relative;        /*相对定位*/
    left:150px;               /*距左边线150px*/
    top:100px;                /*距顶部边线100px*/
}
<\style >
```

说明：

该实例实现了图 8-8 所示对 box-3 的相对定位。在样式选择器#rel 中分别定义属性position：relative、left：150px、top：100px，使box-3 移动到距离原来文档流的起点左侧 150 像素、上方 100 像素的位置，即box-3 向右移动 150 像素、向下移动 100 像素。

> **小知识**
>
> 位置偏移属性的像素值可以是负值，当偏移量为负值时，盒子就从原来文档流的起点位置向上或向左移动。可以使用"left:-150px、top:-100px"设置box-3 的偏移量，查看它的位置。

5. 绝对定位

当 position：absolute时，元素处于绝对定位状态。绝对定位是将元素依据最近的已经定位（绝对、固定或相对定位）的祖先元素进行定位，若没有一个祖先元素定位，设置绝对定位的元素会依据body根标签（也可以看作浏览器窗口）进行定位。

修改【实例8-4】中id选择器box3的position属性的值为absolute。

```
#box3{
    position:absolute;                /*绝对定位*/
    left:150px;                       /*距左边线150px*/
    top:100px;                        /*距顶部边线100px*/
}
```

运行结果如图 8-9 所示。

通过图 8-9 可以看到，box-3 盒子脱离了文档流的控制，不再占用文档流的位置，但它没有根据它的父元素box-1 进行定位，这是因为父元素box-1 没有进行定位设置，所以box-3 根据body主体（浏览器窗口）进行定位。

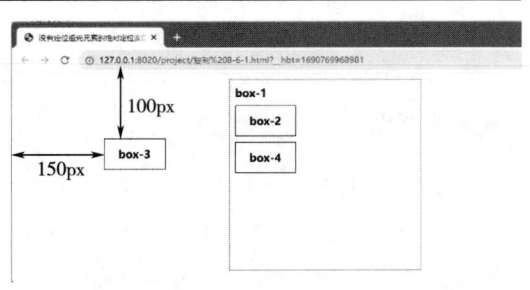

图8-9　没有定位祖先元素的绝对定位

> **小知识**
>
> 在没有祖先元素定位的情况下，绝对定位的元素会根据body主体进行定位，但是当浏览器窗口放大或缩小时，绝对定位的元素会根据窗口的改变发生位置的改变，所以在使用绝对定位时，即使父元素不需要定位，也要使用"position：relation"设置其定位，确保子元素在父元素中绝对定位的位置不发生改变。

再次修改【实例8-4】，在box-1盒子的类选择器box1中添加"postion：relative"，将该盒子设置为相对定位。

```
.box1{
    margin:10px auto;
    postion:relative;              /*相对定位*/
    width:300px;
    height:300px;
    padding:10px;
    border:1px solid #000;
}
```

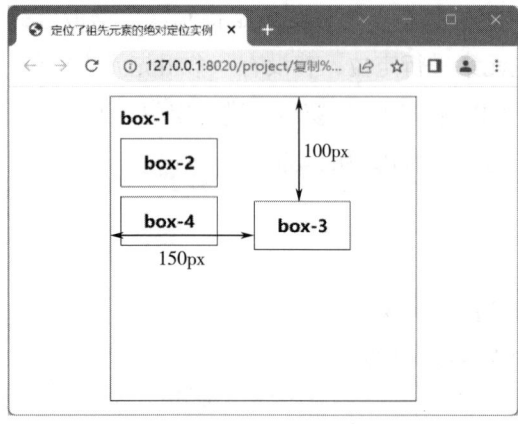

图8-10 祖先元素设置定位的绝对定位

运行结果如图8-10所示。

通过图8-10可以看到，box-3脱离文档流的控制，文档流中原来box-3的位置已经顺序被box-4盒子占用。box-3盒子根据定位后的父元素box-1进行偏移。这样，浏览器窗口在放大或缩小时，父元素的空间不会改变，所有box-3盒子在父元素中的位置也不会改变。

> **小知识**
>
> 如果仅对元素设置绝对定位，不设置偏移属性（left、right、top、bottom），则元素位置不发生改变，但是该元素不再占用标准文档流中的空间，文档流中后面的元素会顺序向上移动，与设置了绝对定位的元素重叠。

6. 固定定位

当position：fixed时，元素处于固定定位状态；固定定位的元素是相对于浏览器窗口的定位，这意味着元素始终依据浏览器窗口来定位显示位置，无论浏览器滚动条如何滚动或窗口的大小如何调整，该元素始终位于同一位置。

元素通过top、right、bottom和left属性来确定在浏览器出口中的位置。

【实例8-5】定位一个div元素始终在浏览器窗口的右下方。

HTML文档的核心代码如下：

```
<body>
  <p>通过 position: fixed;设置的元素会相对浏览器窗口定位，这意味着即使页面滚动也会停留在浏览器右下方的位置。</p>
  <div class="fixed">
  这个 div 元素设置 position: fixed;
  </div>
</body>
```

内部样式表的核心代码如下：

```
<style>
    div.fixed {
    position: fixed;              /*固定定位*/
    bottom: 0;
    right: 0;
    width: 300px;
    border: 3px solid #000000;
    }
</style>
```

运行效果如图8-11所示。

通过图8-11可以看出，虽然改变了浏览器窗口的大小，但是固定定位的盒子位置没有改变。

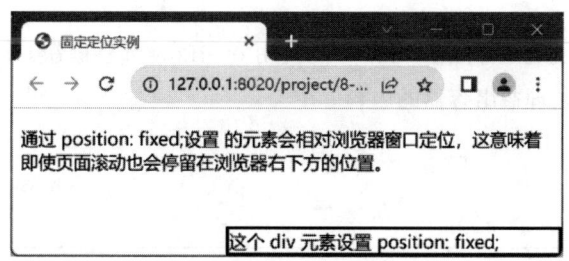

图8-11 固定定位

三、布局其他属性

如图 8-12 在网页的布局中有时盒子放不下要显示的内容应该如何处理呢？如图 8-13 网页的同一位置上有不同的内容叠加，如何定义不同内容在纵深上的层次位置？这就需要下面两个属性。

图 8-12　内容溢出盒子

图 8-13　苹果图像遮挡文本

（一）overflow 属性

overflow 属性控制对太大而容器无法容纳的内容的处理方式。

基本的语法格式：

```
选择器{ overflow:属性值；}
```

该属性有 4 个属性值，如表 8-5 所示。

表 8-5　overflow 属性的常用属性值

属性值	描述
visible	默认值，内容不会被剪裁，会呈现在标签框之外
hidden	溢出的内容会被剪裁，并且被剪裁的内容不可见
auto	在需要时产生滚动条，即自适应所要显示的内容
scroll	溢出的内容将被裁剪，并添加滚动条以便在框内滚动显示剪裁内容

【实例 8-6】将图 8-12 中溢出的情况通过 overflow 属性进行处理。

<body> 标签中 HTML 结构核心代码如下：

```
<body>
    <div>当您想更好地控制布局时，可以使用 overflow 属性解决。overflow属性通过不同的属性值，处理益出容器的内容。
    </div>
</body>
```

<style> 标签中样式表定义的核心代码如下：

```
<style>
    div {
        background-color: #eee;
        width: 200px;
        height: 50px;
        border: 2px dotted black;
        overflow: visible;
    }
</style>
```

运行效果如图8-14所示。修改overflow属性的值得到图8-15~图8-17的效果。

图8-14 "overflow:visible"效果　　　　　图8-15 "overflow:hidden"效果

图8-16 "overflow:scroll"效果　　　　　图8-17 "overflow:auto"效果

说明：

通过图8-15可以看出，当"overflow：hidden"时，溢出的内容被剪裁，并且不可见。

通过图8-16可以看出，当"verflow:scroll"时，在水平和垂直方向上都有滚动条，拖动滚动条查看溢出的内容。水平方向滚动条为灰色，说明水平方向没有内容溢出但

213

也添加了滚动条。使用该属性值，即使盒子里的内容在水平和垂直都没有内容溢出，也会添加滚动条。

通过图8-17可以看出，当"overflow：auto"时，只在有内容溢出的垂直方向有滚动条。拖动滚动条可以查看溢出的内容。如果盒子里的内容在水平或垂直方向都没有内容溢出，则滚动条不会添加。

（二）z-index属性

使用z-index属性可设置元素的堆叠顺序，如图8-18所示当多个元素同时设置定位时，定位的元素之间有可能发生重叠，通过z-index属性可以改变定位的元素在纵深上的顺序，拥有更高堆叠顺序的元素总是会处于堆叠顺序较低的元素前面。

基本的语法格式：

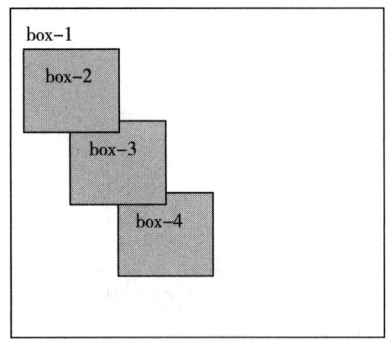

图8-18 定位元素的重叠

```
选择器 { z-index:属性值； }
```

该属性有2个常用值，如表8-6所示。

表8-6　z-index属性的常用属性值

属性值	描述
auto	默认值，浏览器确定元素的堆叠顺序（基于它在文档流中的顺序）
number	定义元素的堆叠顺序的整数，允许为负值

说明：

当z-index的属性值为整数时，可以是正整数、负整数和零，属性取值越大，设置该属性的定位元素在层叠标签中越居上。

【实例8-7】实现图8-18中盒子的定位布局。

<body>标签中HTML结构核心代码如下：

```
<body>
    <div class="box1">
    box-1
    <div class="box" id="rel2">box-2</div>
    <div class="box" id="rel3">box-3</div>
    <div class="box" id="rel4">box-4</div>
</div>
```

<style>标签中样式表定义的核心代码如下：

```css
#rel2{
    position: absolute;          /*绝对定位*/
    left:10px;
    top:30px;
    z-index: 2;                  /*定位重叠顺序*/
}
#rel3{
    position: absolute;          /*绝对定位*/
    left:50px;
    top:100px;
    z-index: 1;                  /*定位重叠顺序*/
}
#rel4{
    position: absolute;          /*绝对定位*/
    left:90px;
    top:170px;
    z-index: 0;                  /*定位重叠顺序*/
}
```

说明：

z-index 仅能在定位后的元素上奏效。

定位元素可拥有负的 z-index 属性值，如果属性值为正数，则离用户更近；如果属性值为负数，则表示离用户更远。

四、布局和导航

（一）等宽布局

1. 利用浮动布局

通过使用 float 属性，可以轻松地实现并排盒子模型，但是要创建具有相同宽度和相同高度的盒子模型，就必须按百分比设置一个相对于父元素的宽度和一个固定的高度。下面通过【实例8-8】进行说明。

【实例8-8】并排布局三个相同宽度和相同高度的盒子。

<body>标签中HTML结构核心代码如下：

```
<body>
    <div class="box" style="background-color:#bbb">
    <p>box-1</p>
    </div>
    <div class="box" style="background-color:#ccc">
    <p>box-2</p>
    </div>
    <div class="box" style="background-color:#ddd">
    <p>box-3</p>
    </div>
</body>
```

<style>标签中样式表定义的核心代码如下：

```
<style>
    .box {
     float: left;
     width: 33.33%;      /*宽度为百分比*/
     height:150px;       /*高度为固定值*/
    }
</style>
```

说明：

由于需要并排放置 3 个盒子，所以使用百分比设置"width：33.33%；"，使用百分比的好处是无论浏览器的窗口放大或缩小，3 个盒子都会并排均匀地分布于浏览器窗口。

"height：150px；"给 3 个盒子设置了固定高度，使其高度相同。但是，这样盒子就失去了弹性，3 个盒子就必须始终有相同数量的内容，这是需要解决的问题，在后文知识拓展中将讲解如何解决这个问题。

运行效果如图 8-19 所示。

通过图 8-19 可以看出，浏览器窗口中并排分布了 3 个等宽的盒子，并且在浏览器出口缩小后，3 个盒子同样等宽分布在浏览器窗口中。

2. 利用多列布局属性布局

如果使用浮动布局实现等宽分列效果，容易出现以下问题：一是多列浮动显示不容易控制；二是多列显示

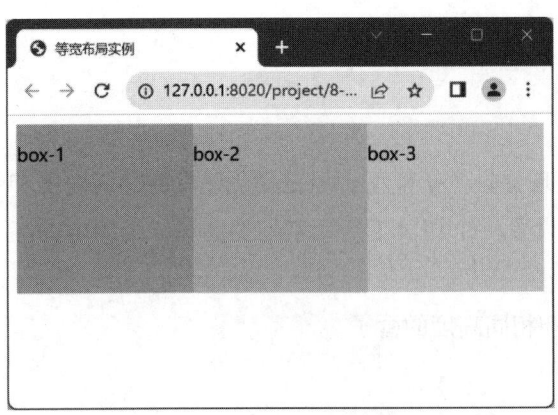

图 8-19 等宽布局效果

后各列的内容不能互通，为网页后期的编辑带来不便，通过columns属性可以避免上面两个问题。

columns属性是多列布局的简写属性，用于设置列宽和列数。

基本语法格式如下：

```
选择器{columns：列宽  列数；}
```

说明：

列宽是指每列的宽度值，列数是指划分为几列。

columns属性不是所有的浏览器都支持，在Firefox浏览器中需使用兼容代码–moz–columns，在Chrome、Safai和Opera浏览器中需使用兼容代码–webkit–columns。

【实例8-9】利用columns属性实现3列分布。

<body>标签中HTML结构核心代码如下：

```
<body>
        <h2>列数及列宽固定:</h2>
        <div class="test">
            <h3>将进酒   李白</h3>
            <p>                              <!--长的文本段落-->
                君不见黄河之水天上来，奔流到海不复回。
                君不见高堂明镜悲白发，朝如青丝暮成雪。
                人生得意须尽欢，莫使金樽空对月。
                天生我材必有用，千金散尽还复来。
                烹羊宰牛且为乐，会须一饮三百杯。
                岑夫子，丹丘生，将进酒，杯莫停。
                与君歌一曲，请君为我倾耳听。
                钟鼓馔玉何足贵，但愿长醉不复醒。
                古来圣贤皆寂寞，惟有饮者留其名。
                陈王昔时宴平乐，斗酒十千恣欢谑。
                主人何为言少钱，径须沽取对君酌。
                五花马、千金裘，呼儿将出换美酒，与尔同销万古愁。
            </p>
        </div>
    </body>
```

<style>标签中样式表定义的核心代码如下：

```
<style type="text/css">
        body{font:14px/1.5 "微软雅黑";}
        p{
            margin:0;
            padding:5px 10px;
            background:#eee;
            text-indent: 2em;
        }
        .test{
            width:660px;
            border:1px solid #333333;
            padding: 10px;
            columns:200px 3;            /*定义列宽为200px,列数为3列*/
            -moz-columns:200px 3;       /*Firefox浏览器兼容代码*/
            -webkit-columns:200px 3;    /*Chrome和Safari浏览器兼容代码*/

        }
</style>
```

说明：

在使用columns属性时，为了确保主流浏览器能够实现等分布局，在样式表中设置了"-moz-columns：200px 3;"和"-webkit-columns：200px 3;"兼容代码。

运行效果如图8-20所示。

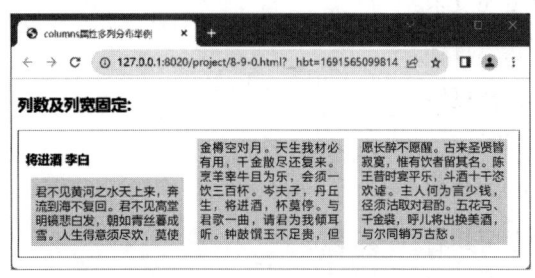

图8-20　columns属性效果

通过图8-20可以看出，div盒子被等分为3列，其子元素p中的整个段落内容被分在3列中。但当p元素的内容无法撑起3个列时，列就减少。当只设置列宽值，不设置列数时，文本内容会根据盒子容器宽度自动分布列数。

> **小知识**
>
> columns属性是一个简写属性，在CSS3中有多个属性可以灵活地实现多列布局，需要详细学习可以登录https://www.w3school.com.cn/cssref/pr_columns.asp网站，在这不再详细讲解。

（二）导航菜单

通过将 float 属性与超链接标签和列表标签一起使用，就可以创建经典的水平导航菜单，如图 8-21 所示。

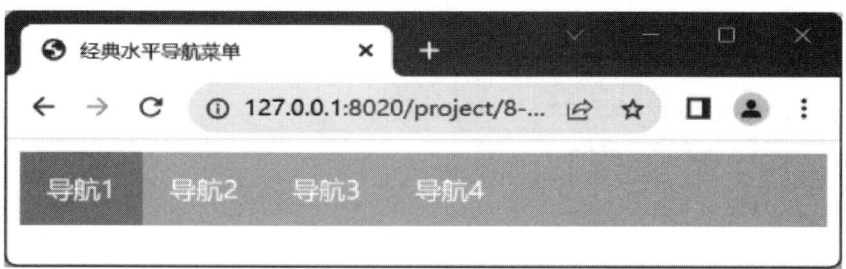

图 8-21　经典导航菜单

【实例 8-10】制作如图 8-21 所示的导航菜单。

<body>标签中HTML结构核心代码如下：

```
<body>
    <ul>
        <li><a href="#home" class="active">导航1</a></li>
        <li><a href="#news">导航2</a></li>
        <li><a href="#contact">导航3</a></li>
        <li><a href="#about">导航4</a></li>
    </ul>
</body>
```

<style>标签中样式表定义的核心代码如下：

```
<style>
    ul {
        list-style-type: none;
        margin: 0;
        padding: 0;
        overflow: hidden;
        background-color: #ccc;
    }

    li {
        float: left;           /*float属性，向左浮动*/
    }
```

```
        li a {
            display: inline-block;
            color: white;
            text-align: center;
            padding: 14px 16px;
            text-decoration: none;
        }
        li a:hover {
            background-color: #111;
        }
        .active {
            background-color:#aaa;
        }
</style>
```

五、网页模块命名规范

网页模块的命名，看似无足轻重，但如果没有统一的命名规范进行必要的约束，随意命名就会使整个网站的后续工作很难进行。因此，网页模块命名规范非常重要，需要引起初学者的足够重视。通常网页模块的命名需要遵循以下几个原则：

（1）避免使用中文字符命名（例如：id="导航栏"）。

（2）不能以数字开头命名（例如：id="2nav"）。

（3）不能占用关键字（例如：id="h3"）。

（4）用最少的字母达到最容易理解的意义。

在网页中，常用的命名方式有"驼峰式命名"和"帕斯卡命名"两种，对它们的具体解释如下：

（1）驼峰式命名：除了第一个单词外，其余单词首写字母都要大写（例如：partOne）。

（2）帕斯卡命名：每一个单词之间用"_"连接（例如：content_one）。

下面是网页中常用的一些命名，具体如表8-7所示。

表8-7 常用命名规则

相关模块	命名	相关模块	命名
头部	header	内容	content/container
导航栏	nav	页面底部	footer

续表

相关模块	命名	相关模块	命名
侧栏	sidebar	栏目	column
左边、右边、中间	left right center	登录条	loginbar
标志	logo	广告	banner
页面主体	main	下载菜单	download
新闻	news	搜索	search
子导航	subnav	版权	copyright
子菜单	submenu	提示信息	msg
友情链接	frIEndlink	栏目标题	title
CSS文件	命名	CSS文件	命名
主要样式	master	基本样式	base
模块样式	module	版面样式	layout
主题	themes	专栏	columns
文字	font	表单	forms
打印	print	—	—

任务实现　制作美丽中国主页

一、任务分析

制作结构比较复杂的"美丽中国"网页，需要使用浮动和定位，并结合前面学习的盒子的内容才能够实现。"美丽中国"网页结构布局如图8-22所示。

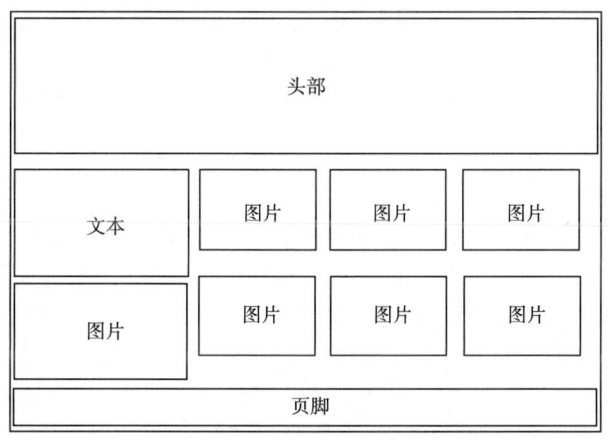

图8-22　"美丽中国"网页结构布局效果图

二、任务实施

输入如下代码,保存在style.css中:

```css
body{
    margin: auto;
    width: 900px;
    padding: 0;
}
* {
  box-sizing: border-box;
}
.header {
  color: white;
  padding: 0;
}
.column {
  float: left;
  padding: 15px;
}
.clearfix::after {
  content: "";
  clear: both;
  display: table;
}
.menu {
    width: 25%;
}
.content {
    width: 75%;
}
.menu ul {
  list-style-type: none;
  margin: 0;
  padding: 0;
}
.menu li {
  padding: 5px;
  margin-bottom: 4px;
```

```
        color: #000000;
}
#underline{
    border-bottom: 2px solid gainsboro;
}
.img-container {
  float: left;
  width: 33.33%;
  padding: 5px;
}
.footer{
    background-color:    gainsboro;
    text-align: center;
     color: white;
     height: 28px;
}
```

输入如下代码，保存在tast.html中：

```
<div class="header">
   <img src="images/china.jpg" />
</div>
<div class="clearfix">
    <div class="column menu">
      <ul>
        <li id="underline">美丽中国</li>
        <li>自北至南，自东至西，自然风光旖旎，人文景观丰富。长城蜿蜒，
            黄河奔腾，长江浩渺，五岳峻峭。千年古都，文化瑰宝；江山如画，美景无数。
            中华民族勤劳智慧，共筑美好家园。</li>
        <li id="underline">秀丽风景</li>
        <li><img src="images/yxtb.jpg"/></li>
      </ul>
   </div>
    <div class="column content">
       <div class="clearfix">
    <div class="img-container">
       <img src= "images/11.JPG" alt="city"   >
    </div>
     <div class="img-container">
```

```
        <img src="images/12.JPG" alt="city"   >
    </div>
      <div class="img-container">
      <img src="images/13.JPG" alt="city" >
       </div>
          </div>
          <div class="clearfix">
      <div class="img-container">
         <img src= "images/11.JPG" alt="city"   >
     </div>
      <div class="img-container">
      <img src="images/12.JPG" alt="city"   >
    </div>
      <div class="img-container">
      <img src="images/13.JPG" alt="city" >
       </div>
          </div>
       </div>
   </div>
<div class="footer">
     <p>copyright&copy;2023美丽中国出版</p>
   </div>
```

运行效果如图8-23所示。

图8-23 "美丽中国"网页效果图

知识拓展

一、box-sizing 属性

当设置元素的宽度和高度时，由于元素的边框和内边距已被添加到元素的指定宽度和高度中，该元素通常看起来比设置的更大。如图 8-24 所示，设置 box-1、box-2 的 div 元素的高度为 100 像素，宽度为 300 像素，但由于 box-2 的 div 元素设置了 padding：20px；所以 box-2 看上去更大。

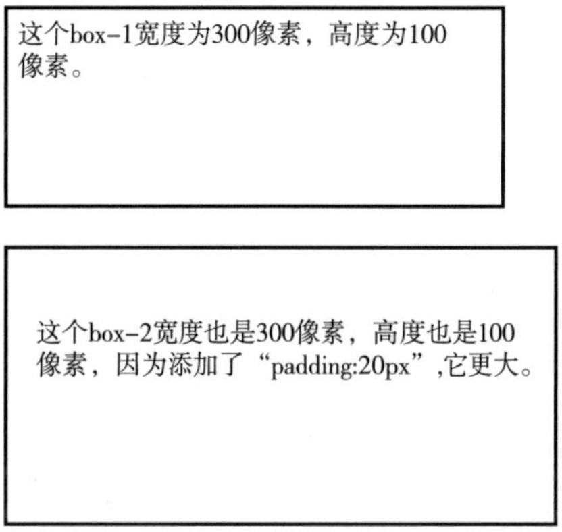

如果希望添加内边距的盒子与不添加内边距的盒子大小一样，应该如何解决呢？使用 box-sizing 属性就可以解决这个问题。

box-sizing 属性用于指定以特定的方式定义匹配某个区域的特定元素。

图 8-24　宽度/高度相同，大小不同的盒子

基本语法格式如下：

```
选择器{box-sizing:属性值; }
```

该属性有 2 个常用属性值，如表 8-8 所示。

表 8-8　box-sizing 属性的常用属性值

属性值	描述
content-box	默认值，宽度和高度指定元素内容的大小，在宽度和高度之外绘制元素的内边距和边框
border-box	为元素指定的任何内边距和边框都将在已设定的宽度和高度内进行绘制，即从已设定的宽度和高度分别减去边框和内边距才能得到内容的宽度和高度

【实例 8-11】解决图 8-24 中两个盒子高度和宽度相同但大小不同的问题。

<body>标签中 HTML 结构核心代码如下：

```
<body>
    <div class="div1">这个 box-1 宽度为 300   像素，高度为 100   像素。</div>
    <br>
    <div class="div2">这个 box-2 宽度也是 300   像素，高度也是 100   像素，因为添加了"padding:20px",它更大。</div>
</body>
```

<style>标签中样式表定义的核心代码如下：

```
<style>
    .div1 {
        width: 300px;
        height: 100px;
        border: 10 px solid blue;
        box-sizing: border-box;            /*box-sizing属性*/
    }

    .div2 {
        width: 300px;
        height: 100px;
        padding: 20px;
        border: 1px solid red;
        box-sizing: border-box;            /*box-sizing属性*/
    }
</style>
```

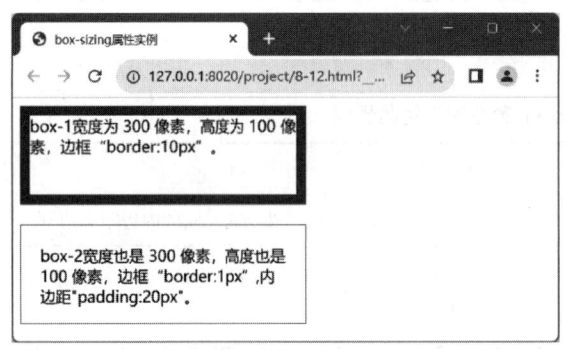

图8-25 box-sizing属性的使用

运行效果如图8-25所示。

通过比较图8-25与图8-24可以看出，在使用"box-sizing: border-box;"后，两个盒子大小一样。这是因为内边距和边框在div元素设定的宽度和高度内进行绘制，也就是内容的宽度和高度要减去内边距和边框设定的像素值。

> **小知识**
>
> 当添加一些内容来扩大每个盒子的宽度（如内边距或边框）时，这个盒子的大小会改变。box-sizing属性可以使盒子的总宽度（和高度）中包括内边距和边框，确保内边距留在框内而不会改变盒子的大小。

二、flexbox属性

当并排的盒子设置了height属性后，高度被固定。但盒子中的内容较多时，就会超出盒子的高度，显示在盒子的外部。如图8-26所示。

为解决图 8-26 中出现的内容显示在盒子外的问题，可以不定义盒子的 height 属性，但是这样又会导致两个并排盒子的高度不同。如果要使得所有的内容均在盒子内，并且并排的盒子高度又相同，就要使用 flexbox 布局。

flexbox 是弹性框布局模块，可以更轻松地设计灵活的响应式布局结构，而无须使用浮动或定位。使用 flexbox 布局的步骤：

（1）定义 flex 容器，即把父元素设置为 "display：flex;"，则父元素成为弹性容器，其子元素自动成为弹性项目。

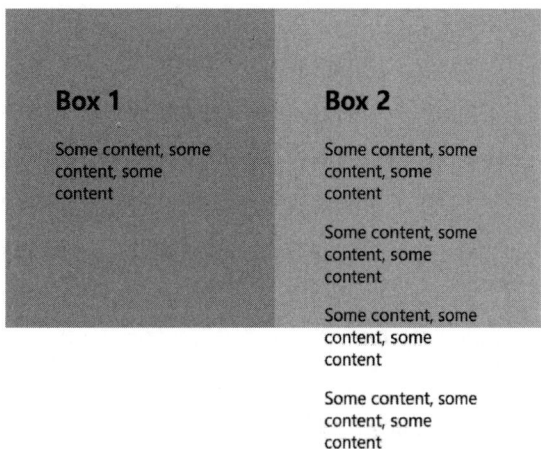

图 8-26　固定高度后内容溢出

（2）使用如表 8-9 所示的 flex 容器属性定义容器中的子元素，实现响应式布局。

表 8-9　弹性框布局常用属性

属性	描述
flex-direction	规定弹性容器内的弹性项目的方向
flex-wrap	规定弹性项目是否应该换行
justify-content	水平对齐弹性容器的项目
align-items	为弹性容器内的项目指定默认对齐方式

说明：

表 8-9 所示属性的使用方法不再详细讲解，可以在 https://www.w3school.com.cn 网站上查阅。

【实例 8-12】修改图 8-26 中内容超出盒子高度的问题。

<body>标签中 HTML 结构核心代码如下：

```
<div class="clearfix">
  <div class="box" style="background-color:#bbb">
  <h2>Box 1</h2>
  <p>盒子中的内容, 盒子中的内容, 盒子中的内容</p>
  </div>
  <div class="box" style="background-color:#ccc">
  <h2>Box 2</h2>
```

```
    <p>盒子中的内容,盒子中的内容,盒子中的内容</p>
    <p>盒子中的内容,盒子中的内容,盒子中的内容</p>
    <p>盒子中的内容,盒子中的内容,盒子中的内容</p>
    <p>盒子中的内容,盒子中的内容,盒子中的内容</p>
    <p>盒子中的内容,盒子中的内容,盒子中的内容</p>
    <p>盒子中的内容,盒子中的内容,盒子中的内容</p>
</div>
```

<style>标签中样式表定义的核心代码如下:

```
<style>
    .clearfix{
        display: flex;          /*定义flex容器*/
        flex-wrap: nowrap;      /*设置flex属性*/
    }
    * {
        box-sizing: border-box;
    }
    .box {
        float: left;
        width: 50%;
        padding: 20px;
        /* height: 300px;*/


    }
    .clearfix::after {
        content: "";
        clear: both;
        display: table;


    }
</style>
```

运行效果如图8-27所示。

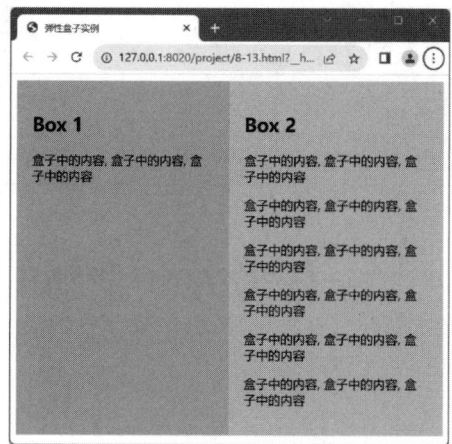

图 8-27　弹性盒子实例效果

通过图 8-27 可以看出，使用"display：flex;flex-wrap：nowarp"后，box2 盒子成为弹性盒子，它能根据内容改变盒子的大小，并且与 box-sizing 属性配合使用，可以得到等宽等高的容器。

知识巩固

【要求】

（1）使用 HTML5 所学标签完成网页。

（2）利用所学 CSS3 定义网页的样式，完成网页的美化。

【内容】

利用提供的文本和图像制作如图 8-28 所示的网页。

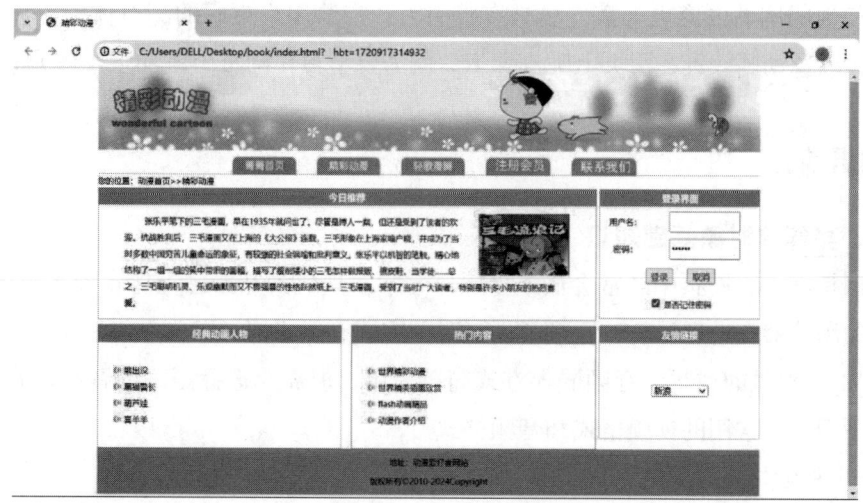

图 8-28　练习制作的网页效果图

任务九　全新的页面试听技术

学习目标

知识目标：了解视频、音频相关格式；
　　　　　掌握滚动字幕标签<marquee>的使用；
　　　　　掌握<embed>标签的使用；
　　　　　掌握<video>标签的使用；
　　　　　掌握<audio>标签的使用。
技能目标：能够恰当地选择音视频格式；
　　　　　能够对音视频定义样式。

任务描述　在网页中插入音视频

小斌想要在他的网站中插入出门摄影采风时的视频、音频以及与摄影有关的摄影动画，使他的网站内容更丰富，更具有吸引力，带给用户更好的浏览体验。如何将视频、音频以及动画放置在网页上呢？那么，就需要学习在网页中添加多媒体元素。

知识准备

一、多媒体对象基础知识

在因特网上，网页中经常会嵌入多媒体元素。现代浏览器已支持多种多媒体格式，但不同的浏览器在处理视频、音频和动画时的方式有所不同。

HTML5 提供的视频、音频嵌入方式简单易用，但需要选择正确的音频格式和视频格式。下面介绍常用的视频格式和音频格式。

（一）视频格式

在HTML中嵌入的视频文件主要包括以下几种常见格式，具体如表9-1所示。

表9-1 常用视频文件类型

扩展名	容器	描述
.mov	QuickTime	MOV是由苹果公司QuickTime播放器所使用的视频格式。尽管它在苹果设备上广泛使用，但在其他平台上的兼容性较差
.mpg .mpeg	MPEG	MPEG（Moving Pictures Expert Group）格式是因特网上最流行的格式之一。它是跨平台的，得到了大多数主流浏览器的支持
.mp4	MPEG-4	MP4是目前最常见、兼容性最好的视频文件格式。它可以提供较高的视频质量，同时拥有较小的文件大小，适合在网页上播放
.ogg	Ogg	Ogg是一种开放的多媒体容器格式，其中包含了Vorbis音频编码和Theora视频编码。尽管使用范围较小，但仍然被一些网页所采用
.webm	WebM	WebM是一种开放的视频文件格式，被广泛应用于HTML5视频标准中。它提供了优秀的视频质量和较小的文件大小，支持多种主流浏览器

（二）音频格式

在HTML中嵌入的音频文件类型主要如表9-2所示。

表9-2 常用音频文件类型

扩展名	容器	描述
.wav	Wave	WAV是一种无损音频文件格式，通常用于存储高质量的音频数据。它支持无压缩的音频，因此文件大小相对较大，适合网页上需要保留音频原始质量的场景
.mid	Musical Instrument Digital Interface	MIDI（Musical Instrument Digital Interface）是一种针对电子音乐设备（比如：合成器和声卡）的格式。MIDI文件不含有声音，MIDI文件极其小巧。MIDI得到了广泛的软件和平台的支持。大多数流行的浏览器都支持MIDI
.mp3	MPEG-1 Audio Layer-3	MP3是一种广泛使用的音频压缩格式，具有较小的文件大小和良好的音质。它在网页中常用于音乐、音效等播放
.ogg	Ogg	Ogg是一种开放和免费的音频编码格式，它使用无损技术来保持音频的高质量，同时文件大小适中，它被广泛支持，几乎所有的音频播放器和多媒体设备都能够播放这种格式的文件
.wma	WMA	WMA（Windows Media Audio）格式，质量优于MP3，兼容大多数播放器（但不支持iPod）。WMA文件可作为连续的数据流来传输，因此非常适合网络电台或在线音乐播放

二、插入多媒体对象

（一）插入多媒体文件

<embed>标签定义嵌入的内容，用于为需要插件或播放器的外部内容（比如：Flash）提供一个容器。

基本语法格式如下：

<embed src="路径" 属性1=属性值1　属性2=属性值2...></embed>

说明：

<embed>标签虽然在所有浏览器中都有效，但是并没有成为W3C的正式标准。该元素可以插入多种媒体文件，既可以是音频文件，也可以是视频文件。

embed元素的常用属性如表9-3所示。

表9-3　embed元素的常用属性

属性	描述	常用属性值
width	设定播放空间面板的宽度	通常为像素值
height	设置播放空间面板的高度	通常为像素值
scr	设定媒体文件的路径	文件路径
autostart	默认为false，用于设置媒体文件是否传送后就自动播放，true表示自动播放，false表示不自动播放	true或false
type	对象的MIME类型	MIME类型
loop	设定播放的重复次数，loop=6 表示重复 6 次，true表示无限次播放，false 表示播放一次后停止	数值、true或false
startime	设定音乐的开始播放时间，如 20s后播放，即设置为startime=00：20	分：秒
volume	设定音量的大小，如没设定，就用系统音量	范围：0~100
hidden	隐藏播放控件面板	true

【实例9-1】使用<embed>标签插入一个名为"小毛驴.ogg"的音频文件。

<body>标签中HTML结构核心代码如下：

```
<body>
<embed src="donkey.ogg" width="300" height="100" type="auto/ogg"></embed>
                                                            <!--插入多媒体文件-->
</body>
```

图9-1　embed元素插入音频效果

运行效果如图9-1所示。

通过图9-1可以看出，插入音频文件后，在网页中有一个播放控制面板。

（二）插入音频

1. 插入音频标签<audio>

<audio>元素是一个新的HTML5元素，定义播放音频文件，它支

持浏览器中原生音频文件播放功能，无须插件或播放器。

基本的语法格式为：

```
<audio src="音频文件的名称" controls="controls"></audio>
```

说明：

audio元素支持wav、mp3、ogg、acc、webm多种音频格式。src属性和control属性是该元素的基本属性。<audio>和</audio>之间可以插入文本，在浏览器中不支持audio元素时显示文本内容。

audio元素的常用属性如表9-4所示。

表9-4 audio元素的常用属性

属性	描述	常用属性值
scr	设定媒体文件的路径	文件路径
autoplay	当载入完成后就自动播放	autoplay
type	对象的MIME类型	音频文件的MIME类型
loop	指定音频文件是否循环播放	loop
preload	如果出现该属性，则音频在页面加载时进行加载，并预备播放。如果使用"autoplay"，则忽略该属性	preload
muted	规定视频输出应该被静音	muted
control	如果出现该属性，则向用户显示控件，比如播放按钮	controls

【实例9-2】使用<audio>标签插入"donkey.ogg"音频文件。

<body>标签中HTML结构核心代码如下：

```
<body>
    <audio src="donkey.ogg" controls="controls">
        您的浏览器不支持audio标签
    </audio>
                                            <!--插入音频文件-->
</body>
```

运行效果如图9-2所示。

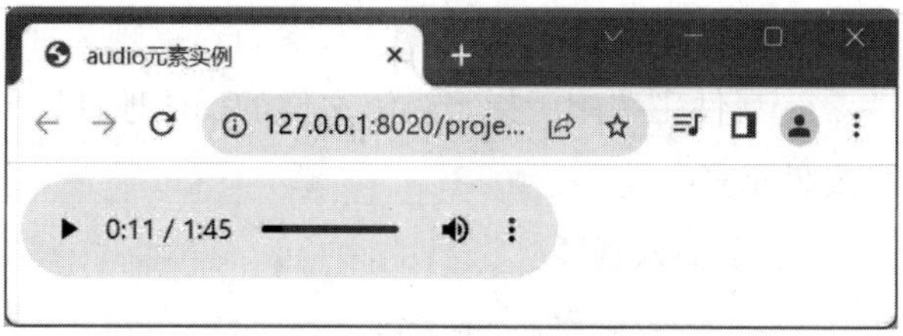

通过图9-2可以看出，运行后有一个音频控制面板，可以实现音频的播放。不同的浏览器对音频的支持情况不同，大家在使用该元素时，要在不同的浏览器下

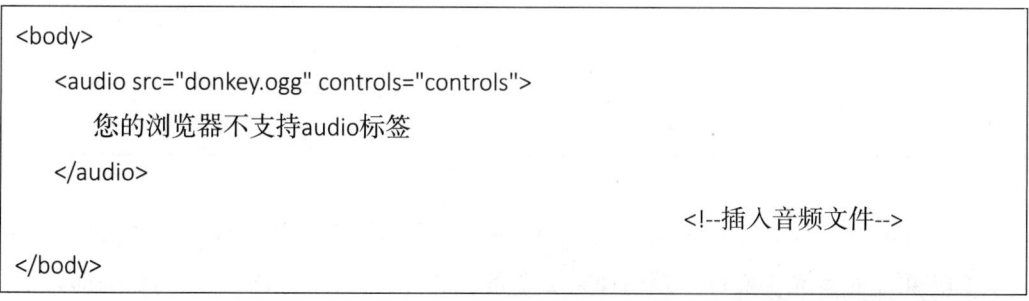

图9-2 audio元素插入音频效果

进行测试。

2. 指定媒体文件标签<source>

为了确保音频文件在各种浏览器中都能正常播放，需要在插入音频文件时，至少提供两种以上的音频格式文件。因此，在<audio>标签中不再使用src属性指定音频文件，改为使用<source>标签指定格式不同的音频文件。

基本语法格式如下：

```
<audio controls="controls">
    <source src="音频文件的名称"type="媒体文件类型/格式" ></source>
    <source src="音频文件的名称"type="媒体文件类型/格式" ></source>
    ……
</audio>
```

【实例9-3】使用<source>标签在网页中插入音频文件。

<body>标签中HTML结构核心代码如下：

```
<body>
    <audio   controls="controls">
        <source src="donkey .mp3" type="audio/mp3"></source>
                                        <!--插入不同的音频文件-->
        <source src="donkey .wav" type="audio/vnd.wave"></source>
        <source src="donkey.ogg" type="audio/ogg"></source>
        您的浏览器不支持audio标签
        <embed height="100" width="100" src="donkey.mp3" />
                        <!—embed插入音频文件-->
    </audio>
</body>
```

说明：

可以指定多个source元素为浏览器提供备用的音频文件，首选source中的第1个元素，如果第1个音频不支持，则选择第2个备选的音频文件，依次类推。如果都失败，代码将回退尝试使用<embed>元素插入音频文件。source元素一般设置src和type两个属性。src属性主要用于指定媒体文件的URL地址；type属性主要用于指定媒体文件的类型与文件格式。

（三）插入视频

1. 插入视频标签<video>

<video>元素是一个新的 HTML5 元素，用于在HTML页面中嵌入视频元素，它支持

浏览器中原生视频文件播放功能，无须插件或播放器。

基本语法格式如下：

```
<video src="音频文件的名称" controls="controls"></video>
```

说明：

video元素支持mp4、ogg、webm多种视频格式。src属性和control属性是该元素的基本属性。<video>和</video>之间可以插入文本，在浏览器不支持audio元素时显示文本内容。

video元素的常用属性如表9-5所示。

表9-5　video元素的常用属性

属性	描述	常用属性值
scr	设定媒体文件的路径	文件路径
autoplay	当载入完成后就自动播放	autoplay
type	对象的MIME类型	音频文件的MIME类型
loop	指定音频文件是否循环播放	loop
preload	如果出现该属性，则音频在页面加载时进行加载，并预备播放。如果使用"autoplay"，则忽略该属性	preload
muted	规定视频输出应该被静音	muted
control	如果出现该属性，则向用户显示控件，如播放按钮	controls
height	设置视频播放器的高度	通常为像素值
width	设置视频播放器的宽度	通常为像素值

【实例9-4】使用<video>标签在网页中插入视频文件。

<body>标签中HTML结构核心代码如下：

```
<body>
    <video src="videoOne.mp4" controls="controls" width="300px" height="200px">
        本浏览器不支持该视频文件格式
    </video>
</body>
```

运行效果如图9-3所示。

通过图9-3可以看出，运行后在网页中嵌入了一个视频，但不同的浏览器对视频的支持情况不同，大家在使用该元素时，一定要熟识多数的主流浏览器，确保视频在浏览器上能够播放。

2. 指定媒体文件标签<source>

为了确保视频文件在各种浏览器中都能正常播放，需要在插入视频文

图9-3　video元素插入视频效果

件时，至少提供两种以上的视频格式文件。因此，在<video>标签中不再使用src属性指定音频文件，改为使用<source>标签指定格式不同的音频文件。

基本语法格式如下：

```
<video controls="controls">
        <source src="视频文件的名称" type="媒体文件类型/格式" ></source>
        <source src="视频文件的名称" type="媒体文件类型/格式" ></source>
        ……
</video>
```

【实例9-5】使用<source>标签在网页中插入音视频文件。

<body>标签中HTML结构核心代码如下：

```
<body>
        <video   controls="controls" width="300px" height="200px">
            <source src="videoOne.mp4" type="video/mp4"></source>
                                    <!--插入不同的格式的视频文件-->
            <source src="videoOne.ogg" type="video/ogg"></source>
            <source src="videoOne.webm" type="video/webm"></source>\
            <embed src="videoOne.mp4" width="300" height="200"></embed>
            本浏览器不支持该视频文件格式
        </video>
</body>
```

说明：

可以指定多个source元素为浏览器提供备用的视频文件，首选source中的第1个元素，如果第1个视频不支持，则选择第2个备选的视频文件，依次类推。如果都失败，代码将回退尝试使用 <embed> 元素插入视频文件。source 元素一般设置src和type两个属性。src属性主要用于指定媒体文件的URL地址；type 属性主要用于指定媒体文件的类型与文件格式。

> **涨知识**
>
> 网页中包含的视频，被称为内联视频。在Web应用程序中使用内联视频，并不受用户的欢迎。因此，用户可能已经关闭了浏览器中的内联视频选项，所以在设计网页时，只需要在用户希望看到内联视频的地方包含它们。正确的做法是，在用户需要看到视频时点击某个链接，会打开页面然后播放视频。

三、CSS控制视频尺寸

在网页设计中，通过CSS样式为video元素添加宽度和高度，为视频在页面中预留一定的空间，这样浏览器在加载页面时就会预先确定视频的尺寸，为其保留合适的空间，使页面布局产生变化。

运用CSS3中的width和height属性设置视频播放的尺寸。

【实例9-6】通过CSS3样式表设置视频在网页中显示的尺寸。

<body>标签中HTML结构核心代码如下：

```html
<body>
    <h2>视频布局样式</h2>
    <div>
            <p>占位色块</p>
            <video src="videoOne.mp4" controls>浏览器不支持video标签</video>
            <p>占位色块</p>
    </div>
</body>
```

<style>标签中样式表定义的核心代码如下：

```css
<style type="text/css">
    *{
        margin:0;
        padding:0;
    }
    div{
        width:600px;
        height:300px;
        border:3px solid #000;
    }
    video{
```

```
            width: 200px;
            height: 300px;
            background:#F90;
            float:left;
        }
        p{
            width:200px;
            height:300px;
            background:#999;
            float:left;
        }
</style>
```

说明：

在实例9-6中，设置大盒子div元素的宽度为600px，高度为300px。在其内部嵌套一个video元素和2个p元素，设置宽度均为200px，高度均为300px，并运用浮动属性让它们排列在一排显示。

运行效果如图9-4所示。

通过图9-4可以看到，由于定义了视频的宽和高，因此浏览器在加载时会为其预留合适的空间，此时视频和段落文本成一行排列在盒子的内部，页面布局没有变化。如果删除实例9-6中video选择器的width和height属性后，此时浏览器因为没有办法预定义视频尺寸，只能按照正常尺寸加载视频，导致页面布局出现混乱。

图9-4　CSS控制视频的尺寸大小

知识拓展

URL调用多媒体文件的方法如下：

如果知道一个网络视频的地址，可以直接通过URL地址调用该视频。

【实例9-7】通过视频地址https://www.w3school.com.cn/i/movie.ogg浏览视频。

<body>标签中HTML结构核心代码如下：

```
<body>
        <video src="https://www.w3school.com.cn/i/movie.ogg" controls="controls" width="250px" height="200px">
            本浏览器不支持该视频文件格式
        </video>
</body>
```

运行效果如图9-5所示。

图9-5　<video>标签实例运行效果图

通过图9-5可以看到，浏览器打开了地址为"https：//www.w3school.com.cn/i/movie.ogg"的视频文件。这是确保在HTML中能够显示视频的最简单的方法。

知识巩固

【要求】
使用<video>视频标签和属性。
【内容】
将在任务八知识巩固部分中图8-28所示的"三毛流浪记"的图像，更改为一个"三毛流浪记"的小视频，视频的要求：高为90像素，宽为135像素，并且打开网页后自动播放。

任务十 运用特殊效果

🖱 学习目标

知识目标：掌握常用的transform转换方法；
　　　　　掌握transitions过渡的使用方法；
　　　　　掌握animation动画的使用方法。
技能目标：能够结合页面的需要选择合适的CSS特效；
　　　　　能够根据页面的需要添加动画效果。

🖱 任务描述 在展示个人摄影作品中使用特殊效果

对网页中的图像添加特殊效果，起到美化网站、增加用户吸引力的作用。在CSS3中可以通过属性的设置实现特殊效果。

🖱 知识准备

一、转换

（一）转换属性transform简介

在CSS3中，可以利用transform属性对元素应用2D或3D转换。该属性允许我们对元素进行旋转、缩放、移动或倾斜等变形处理，与后期学习的过渡、动画属性相结合能够产生特殊效果。

基本的语法格式：

选择器{ transform:none或变形函数列表；}

说明：

none是transform属性的默认值，适用于块元素和内联元素，表示不进行变形。变形函数列表是设置一个或多个使图像发生旋转、缩放、移动、倾斜的函数。

transform属性的常用变形函数如表10-1所示。

表10-1 常用变形函数

函数名称	描述
translate(x,y)	移动元素对象，重新定位元素位置，x和y为坐标
scale(a,b)	缩放元素对象，可以使任意元素对象尺寸发生变化，取值为正数、负数和小数，a、b是相对于原来宽度和高度放大或缩小的倍数
rotate(n)	旋转元素对象，n是顺时针或逆时针旋转的角度
skew(n,m)	倾斜元素对象，n是沿x轴逆时针倾斜的角度，m是沿y轴顺时针倾斜的角度
matrix()	定义矩形变换，即基于x和y坐标重新定位元素的位置

说明：

最新的各大主流浏览器都支持transform属性，但在使用该属性时，要考虑较早浏览器对其的支持。

（二）常用的transform变换方法

1. translate()方法

translate（x，y）方法用于根据x和y给定的坐标参数从其当前位置移动元素到指定位置。

基本语法格式如下：

```
transfrom：translate(x,y);
```

说明：

x和y可以是整数或百分数，x和y为百分数时移动的距离是元素宽度和高度的百分比。x和y可以是正值，即向右向下移动；也可以是负值，即向左向上移动。

【实例10-1】当鼠标经过时，div 盒子从其当前位置向右移动 120 个像素，并向下移动60个像素。

<body>标签中HTML结构核心代码如下：

```
<body>
    <div id="move">
        该div元素向右移动120 个像素，并向下移动60 个像素后的位置。
    </div>
</body>
```

<style>标签中样式表定义的核心代码如下：

```
<style>
    body{
        margin: 0;


    }
    div{
        width: 300px;
        height: 100px;
        background-color: #CCCCCC;
        border: 1px solid black;
    }
     div:hover {
        -ms-transform: translate(120px,60px);   /* IE9下移动元素位置 */
         transform: translate(120px,60px );   /*移动元素位置 */
     }
</style>
```

运行效果如图 10-1、图 10-2 所示。

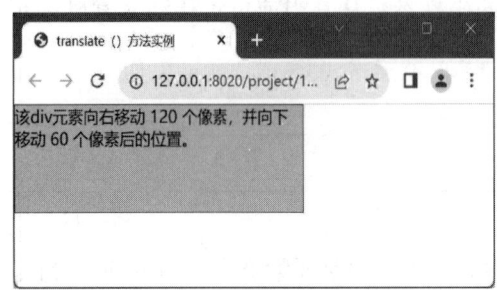 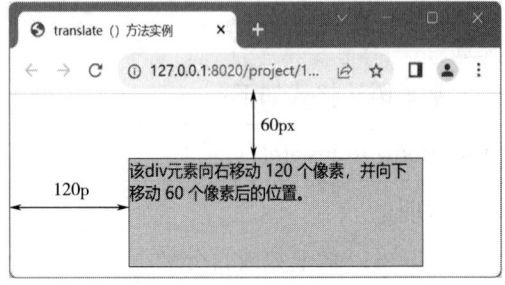

图 10-1 初始位置　　　　　　　　　　图 10-2 鼠标经过后移动位置

通过图 10-1 和图 10-2 可以看出，鼠标经过时该 div 元素向右移动了 120 像素，向下移动了 60 像素，注意 body 设置 "margin：0;"，所以该盒子的起始位置在浏览器的左上角。

2. scale()方法

scale（a，b）方法是指根据给定的参数实现图像和文字的缩放、旋转。

基本语法格式：

transform：scale(a,b);

说明：

a指元素宽度的缩放比例；b指元素高度的缩放比例。a和b的取值可以是正数、负数和小数。

（1）当取值是大于1的正数时，元素放大。

（2）当取值是小于1大于0的小数时，元素缩小。

（3）当取值为负数时，元素先翻转，再缩放。a为负数，水平翻转；b为负数，垂直翻转。

【实例10-2】当鼠标经过时，图像水平放大2倍，垂直放大1.5倍，水平和垂直方向发生翻转。

<body>标签中HTML结构核心代码如下：

```
<div>
    <p>摄影作品</p>
        <img src="images/10-2-1.jpg" />
</div>
```

<style>标签中样式表定义的核心代码如下：

```
<style>
    body {background-color: #CCCCCC;font-family: "微软雅黑";}
    div {
        width: 300px;
        text-align: center;
        margin: 80px auto;
        padding: 10px;
        background: #fff;
    }
    img {
        height: 150px;
        margin-bottom:15px;
    }
    div:hover {
        -ms-transform:scale(-2,-1.5);   /* IE9下缩放元素 */
        transform:scale(-2,-1.5);     /*缩放和翻转元素*/
    }
</style>
```

运行效果如图10-3和图10-4所示。

图 10-3　初始状态的图像　　　　　　　图 10-4　鼠标经过时放大和翻转的图像

通过图 10-3 和图 10-4 可以看出，div 盒子以其中心为定点，宽度和高度都放大了，并且由于两个参数都为负数，在水平方向和垂直方向都发生了翻转，但盒子中心点在页面中的位置并没有改变。当 scale( ) 的参数值在 0 和 1 之间时，图像就缩小。

> **涨知识**
>
> 若希望图像不发生失真变形，在设置放大或缩小的参数时应使用"scale(a,a)"或"scale(a)"，如"scale(2,2)"或"scale(2)"，即宽度和长度等比例缩放。

3. rotate()方法

rotate（n）方法用于实现图像或文字的旋转。

基本语法格式：

```
transform：rotate(n);
```

说明：

该方法中参数 n 指元素旋转的角度值。如果角度为正值，则按照顺时针旋转；如果角度为负值，则按照逆时针旋转，这里 n 的单位是 deg，是角度单位，是英文"degree"的缩写，计量中一般用来表示角度数。

【实例 10-3】鼠标经过时，盒子顺时针旋转 45 度。

<body>标签中 HTML 结构核心代码如下：

```
<body>
    <div>
        <p>摄影作品</p>
        <img src="images/10-3.jpg" />
    </div>
</body>
```

<style>标签中样式表定义的核心代码如下：

```
<style>
        body {background-color: #CCCCCC;font-family:"微软雅黑";}
        div {
            width: 200px;
            text-align: center;
            margin: 80px auto;
            padding: 10px;
            background: #fff;
            }
        img {
             height: 150px;
             margin-bottom:15px;
             }
        div:hover {
            -ms-transform:rotate(45deg);    /* IE9下图像顺时针旋转45度 */
            transform:rotate(45deg);        /*图像顺时针旋转45度*/
            }
</style>
```

运行效果如图10-5、图10-6所示。

图10-5　初始状态的图像

图10-6　鼠标经过时旋转的图像

通过图10-5和图10-6可以看出，当鼠标经过盒子时，盒子以中心为定点沿顺时针

245

方向旋转了45度，但盒子中心点在页面中的位置没有发生改变。

4. skew()方法

skew（n，m）方法用于实现图像或文字的倾斜显示。

基本语法格式如下：

```
transform：skew(n,m);
```

说明：

该方法中参数n表示相对于x轴倾斜的角度值，参数m表示相对于y轴倾斜的角度值，以deg为单位。

设定垂直方向为x轴，水平方向为y轴，那么n，m取值：

（1）当n取正值时沿x轴逆时针方向旋转倾斜；取负值时顺时针方向旋转倾斜。

（2）当m取正值时沿y轴顺时针方向旋转倾斜；取负值时逆时针方向旋转倾斜。

【实例10-4】当鼠标经过时，图像沿x轴倾斜20度，沿y轴倾斜30度。

<body>标签中HTML结构核心代码如下：

```
<body>
    <div>
        <p>摄影作品</p>
        <img src="images/10-4.jpg" />
    </div>
</body>
```

<style>标签中样式表定义的核心代码如下：

```
<style>
    body {background-color: #CCCCCC;font-family: "微软雅黑";}
    div {
        width: 300px;
        text-align: center;
        margin: 80px auto;
        padding: 10px;
        background: #fff;
    }
    img {
        height: 150px;
        margin-bottom:15px;
    }
```

```
div:hover {
        -ms-transform:skew(20deg,30deg);    /* IE9下图像倾斜 */
        transform:skew(20deg,30deg);        /*图像倾斜*/
    }
</style>
```

运行效果如图 10-7、图 10-8 所示。

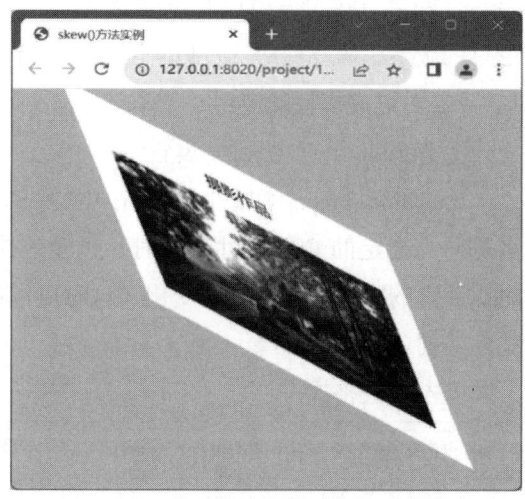

图 10-7　初始状态的图像　　　　　　　图 10-8　鼠标经过时倾斜的图像

通过图 10-7 和图 10-8 可以看出，当鼠标经过盒子时，盒子的水平边框沿顺时针方向向下倾斜 30 度，垂直边框沿逆时针方向向右倾斜 20 度，但是盒子中心点在页面中的位置没有发生改变。

二、过渡

（一）transition功能介绍

transition 是 CSS3 中的一个属性，用于将元素从一种样式在指定时间内平滑地过渡到另一种样式，类似于简单的动画，但无须借助 Flash 或 JavaScript。CSS 中提供了 5 个有关过渡的属性，如表 10-2 所示。

表 10-2　常用过渡属性

属性	描述
transition-property	设置应用过渡的CSS属性的名称定义
transition-duration	设置元素过渡的持续时间
transition-timing-function	规定过渡效果的时间曲线，默认是"ease"

续表

属性	描述
transition-delay	设置过渡效果延迟的时间，默认为0
transition	简写属性，用于同时设置上面的四个过渡属性

说明：

IE10、Firefox、Chrome以及Opera浏览器均支持transition属性。Safari浏览器需要前缀-webkit-。IE9浏览器以及更早的版本，不支持transition属性。Chrome 25浏览器以及更早的版本，需要前缀-webkit-。

（二）过渡属性的应用

1. transition-property 属性

transition-property 属性是CSS3中的一个属性，用于指定应用过渡效果的CSS属性名称。当指定的CSS属性改变时，过渡效果将开始。例如：当鼠标悬停在一个元素上时，元素的宽度可能会发生变化，这时可以使用transition-property属性来指定哪些CSS属性需要应用过渡效果。

基本语法格式：

```
transition-property:none |all|property;
```

说明：

语法中，none表示没有属性会获得过渡效果；all表示所有属性都将获得过渡效果；property表示定义应用过渡效果的CSS属性名称，多个名称之间以逗号分隔。

2. transition-duration属性

transition-duration 属性以秒或毫秒为单位指定过渡动画所需的时间，默认值为0秒，表示不出现过渡动画。可以指定多个时长，每个时长会被应用到由 transition-property 指定的对应属性上。

基本语法格式：

```
transition-delay：时间数值；
```

说明：

时间数值可以为正整数、负整数和0。当设置为负数时，过渡动作会从该时间点开始，之前的动作被截断；设置为正数时，过渡动作会被延迟触发。

【实例10-5】设置图像的过渡属性，并且过渡动画持续2秒。

<body>标签中HTML结构核心代码如下：

```
<body>
    < img src="img/ 10-2. jpg />
</body>
```

<style>标签中样式表定义的核心代码如下：

```
<style>
    body { background:#10aa08;}
    img{                        /*定义图片样式*/
    display: block;             /*定义为块元素*/
    height:150px};              /*定义高度*/
    margin:30px auto;           /*定义外边距，设置水平居中*/
    border:10px solid #FFF;     /*定义边框*/
    opacity:0. 5;1 ;            /*定义不透明度为0.5*/
    }
    img:hover{
    opacity:1;                  /*定义完全不透明*/
    transition-property:opacity;        /*设置过渡属性为opacity */
    transition-duration:2s;     /*设置过渡所花费的时间为2秒*/
    }
</style>
```

运行效果如图10-9、图10-10所示。

图10-9　没有触发过渡效果的图片

图10-11　鼠标掠过触发过渡效果的图片

3. transition-timing-function属性

transition-timing-function属性是CSS3中用来定义过渡效果的时间曲线的属性。它决定了过渡效果在开始和结束时的速度变化方式。

transition-timing-function属性可以接受多个值，每个值对应于不同的时间点。

基本语法格式：

transition-timing-functio：linear|ease case-in|ease-out|ease-in-out |cubic-bezier(n,n,n,n);

该属性常用的取值含义如表10-3所示。

249

表10-3　常用属性值含义

属性值	描述
ease	默认值，在过渡开始和结束时速度较慢，中间时加速
linear	线性过渡，速度恒定
ease-in	在过渡开始时速度较慢，结束时速度较快
ease-out	在过渡开始时速度较快，结束时速度较慢

4. transition-delay 属性

transition-delay属性用于指定CSS过渡效果的延迟时间，即过渡效果在何时开始执行。它接受一个时间值，可以是秒（s）或毫秒（ms）。通过设置transition-delay属性，可以控制过渡效果何时开始，从而创建出更复杂的过渡动画效果。默认值为0，即过渡效果会立即开始执行。

基本语法格式：

```
transition-delay：time;
```

说明：

time可以为正整数、负整数和0。当设置为负数时，过渡动作会从该时间点开始，之前的动作被截断；当设置为正数时，过渡动作会延迟被触发。

【实例10-6】使用transition-timing-function和transition-delay属性定义动作效果。

<body>标签中HTML结构核心代码如下：

```
<body>
    <div>
    < img src="img/spring.jpg"/><br />摄影：美化的曙光--一日之计在于晨
    </div>
</body>
```

<style>标签中样式表定义的核心代码如下：

```
<style>
        body{
        background:url(img/bg. jpg);
        font-family："微软雅黑"；}        /*定义body的样式*/
        div{
        width:300px;
        text-align:center;
         padding: 10px;
        background:#fff；}  /*定义 div 的样式*/
```

```
            img|{
            height:150px
            ;margin-bottom:15px;
            }      /*定义img的样式*/
            div: hover {
            transform: translate(500px,200px) rotate(360deg)；/*定义 div元素向右下移动
                                                                同时旋转360度*/
            transition- property: transform;          /*定义动画过渡的CSS属性为transform */
            transition-duration:5s;                   /*定义动画过渡时间为5秒*/
            transition-timing-function:ease-in-out;   /*定义动画慢速开始和结束*/
            transition-delay:2s;                      /*定义动画延迟触发时间为2s*/
            }                                         /*定义div的hover伪类样式*/
        </style>
```

说明：

为了解决不同浏览器的兼容性，可以在属性前面自行添加webkit-、-moz-、-O-浏览器前缀代码。

运行效果整个过程如图10-11~图10-14所示。

图10-11　动画触发前

图10-12　触发动画3s效果

图10-13　触发动画6s效果

图10-14　过渡完成后的效果

5. transition 属性

transition 属性是一个复合属性，用于在一个属性中设置transition-property、transition-duration、transition-timing-function、transition-delay 等4个过渡属性。语法中，在使用transition属性设置多个过渡效果时，它的各个参数必须按照顺序进行定义。无论是单个属性还是简写属性，使用时都可以实现多个过渡效果。

例如：在实例10-6中动画的4个过渡效果可以修改为：

```
div.hover{
    transform: translate(500px,200px) rotate(360deg);
    transition:transform 5s ease-in-out 2s;
}
```

如果使用transition简写属性设置多种过渡效果，需要为每个过渡属性集中指定所有的值，并且使用逗号进行分隔，如"transition: opacity 3s ease-out, border-radius 3s ease-out;"。

任务实现　在展示的摄影作品中使用特殊效果

为了展示个人的摄影作品，吸引广大的用户来点击浏览，需要给图像添加一些动画效果，避免网页呆板枯燥。综合应用本单元所学习的变形、过渡与动画等知识，实现当鼠标放置到某个图片上方时，让图片旋转并同时放大展示的效果。

一、页面结构分析

整个页面有1个大的容器，容器内部包含了4个小容器，内外两层可以使用div作为容器，也可以使用ul和li列表元素来实现，最内层是由一张图片和一行文本构成，如果需要超链接，可以给图片和文本设置超链接。最后，针对每个元素设置相应的旋转角度即可，对应的结构设计如图10-15所示。

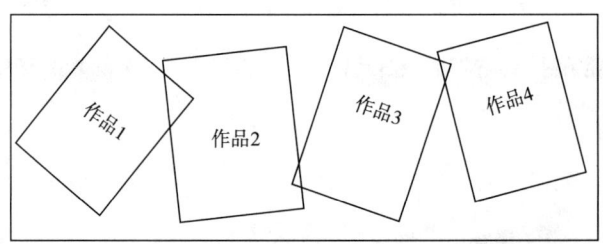

图10-15　图像在网页中的布局样式

二、具体代码实现

（1）<style>标签中样式表定义的核心代码如下：

```
<style >
    body {background:url(img/bg1.JPG);margin-top: 100px;}
      ul li { display: inline; }
      ul a {
            display: block;
            float: left;
            margin-left: 30px;
            padding: 10px;
            background: #fff;
            text-align: center;
            font-family:"微软雅黑";
            text-decoration: none;
            color: #333;
            font-size: 16px;
            box-shadow: 0 3px 6px rgba(0, 0, 0, .25) ;
            -webkit-box-shadow: 0 3px 6px rgba(0, 0, 0, .25);
            transform: rotate(-15deg);
            -webkit-transform: rotate(-15deg);
            transition: transform 1s linear;
            -webkit-transition:-webkit-transform 1s linear;
      }
      img {
            height: 150px;
            margin-bottom:15px;
      }
      ul li:first-child a {
            transform: rotate(10deg);
            -webkit-transform: rotate(10deg);
      }
      ul li:nth-child(2) a {
             position: relative;
            top:-20px;
      }
      ul li:nth-child(3) a {
            transform: rotate(25deg);
```

```
            -webkit-transform: rotate(25deg);
        }
        ul li:last-child a {
            position: relative;
            left:-20px;
            top: 30px;
        }
        ul li a:hover {
            position: relative;
            z-index: 2;
            transform: scale(1.5);
            -webkit-transform: scale(1.5);
        }
</style>
```

（2）<body>标签中HTML结构核心代码如下：

```
<ul>
    <li> <a href="#"> <img src="images/tast10-1.jpg" /><br/>夏日湖光</a> </li>
    <li> <a href="#"> <img src="images/tast10-2.jpg"/><br/>双娇碧莲 </a> </li>
    <li> <a href="#"> <img src="images/tast10-3.jpg" /><br/>独影娇艳</a> </li>
    <li> <a href="#"> <img src="images/tast10-4.jpg" /><br/>细细涟漪</a> </li>
</ul>
```

三、运行后网页的布局效果

运行代码后，可得到图10-16和图10-17的效果。

图10-16　任务代码运行后网页效果

图10-17 当鼠标划过第二张图像时，网页的运行效果

知识拓展

animation动画

动画是使元素从一种样式逐渐变化为另一种样式的效果。CSS3 中主要运用@keyframes 关键帧和animation 相关属性来实现。其中，@keyframes用来定义动画，animation将定义好的动画绑定到特定元素，并定义动画时长、重复次数等相关属性。

基本的语法格式：

```
@ keyframes animationname{
    keyframes-selector{ CSS-styles;}
}
```

说明：

①animationname表示动画名称，动画必须具有名称，不能重名，它是动画引用时的唯一标识。

②keyframes-selector是关键帧选择器，表示指定当前关键帧要应用到整个动画过程中的位置，通常通过百分比来表达，还可以使用from或者to表示，from表示动画的开始，相当于0%，to表示动画的结束，相当于100%。

③CSS-styles表示执行到当前关键帧时对应的动画状态。

例如：

```
@ keyframes firstcart{        /*定义名为firstcart*/
    0%{width:20px;}            /*定义动画的开始时的状态，元素宽为20像素*/
    100%{ width:300px;}       /*定义动画的结束时的状态，元素宽为300像素*/
}
```

等同于：

```
@ keyframes firstcart{            /*定义名为firstcart*/
from{width:20px;}                 /*定义动画的开始时的状态，元素宽为20像素*/
to{ width:300px;}                 /*定义动画的结束时的状态，元素宽为300像素*/
}
```

使用@keyframes创建动画后，需要把它捆绑在某个选择器，才能产生效果。通常使用的CSS3动画属性如表10-4所示。

表10-4　CSS3常用动画属性

属性值	描述
animation-name	定义要应用的动画名称，为@keyframes动画规定名称
animation-duration	属性用于定义整个动画效果完成所需要的时间，以秒或毫秒计

【案例10-7】动画格式属性在图像上的使用。

<body>标签中HTML结构核心代码如下：

```
<body>
    <img src="img/spring.jpg" />
</body>
```

<style>标签中样式表定义的核心代码如下：

```
<style >
        img{
        display: block;
        margin: 50px auto;
        width: 20px;
        animation-name: myfirst;         /*定义要使用的动画名称*/
        -webkit-animation-name: myfirst;   /*Safari and Chrome浏览器兼容代码*/
        animation-duration: 5s;          /*定义动画持续时间*/
        -webkit-animation-duration: 5s;    /*Safari and Chrome浏览器兼容代码*/
        }
        @keyframes myfirst{         /*定义动画，命名为picsize*/
        from {width: 20px;}      /*定义动画的开始时的状态，元素宽为20像素*/
        to {width: 300px;}       /*定义动画的结束时的状态，元素宽为300像素*/
        }
        @-webkit-keyframes myfirst{    /*定义动画，Safari and Chrom浏览器兼容码*/
        from {width: 20px;}
```

```
        to {width: 300px;}
        }
    </style>
```

运行效果如图 10-18 和图 10-19 所示。

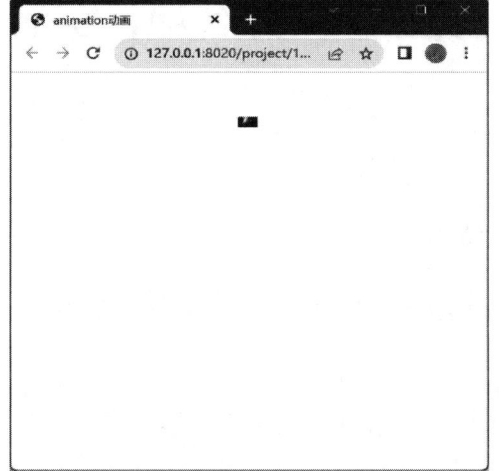

图 10-18　动画初始效果

图 10-19　动画完成效果

任务十一　综合项目实战

任务描述　"光影之旅，逐梦行"网站制作

一个摄影爱好者想要建立一个可以展示摄影作品的网站，为摄影爱好者提供一个展示个人作品并进行线上交流的平台。

任务实现

一、网页设计规划

在网站建设之前，需要对网站进行整体设计规划。本节将从确定网站初步设计、规划网站结构、收集素材、制作网页效果图4个方面对"光影之旅，逐梦行"网站进行详细的设计规划。

（一）网站初步设计

1. 确定主题

摄影爱好者要制作一个能够展示个人作品并提供摄影交流的网站。首先需要确定网站的主题，这取决于摄影者的要求需考虑展示的作品是否具有特定的风格和类别，然后由网站设计者给出主题建议，或直接由摄影者确定主题。其次确定个人喜欢的网站风格，可列举不同的摄影网站进行参考。

2. 网站定位

该网站的受众群体主要包括摄影爱好者和普通的网站浏览用户，所以在定位上既要有较高的审美高度，让摄影爱好者喜欢，又要符合普通大众用户的审美要求。网站制作时要既高端又普世。

3. 网站色调

"光影之旅，逐梦行"网站将选择深蓝色作为主色调。深蓝色象征理智、神秘、高贵、稳重、孤傲，是一种能够被有审美高度要求的摄影者和普通用户都能够接受的颜色。

4. 网站风格

网站整体将采用扁平的设计风格，营造一种简洁、清晰的感觉。在界面中通过模块来区别不同的功能区域。由于是摄影网站，因此需要多运用图片，将各部分内容以最简单和直接的方式呈现给用户，减少用户的认知障碍。

（二）规划网站结构

在对网站进行结构规划时，可以在草稿或者借助编辑工具软件做好网站的结构设计。设计的过程中要注意网站的基本结构以及网页之间的层级关系，在兼顾页面关系之余还要考虑网站后续的可扩充性，以确保网站在后期能够随时扩展。根据网站的特点和"光影之旅，逐梦行"网站的特殊需求，可以将网站框架进行初步划分。图11-1所示为"光影之旅，逐梦行"网站框架。

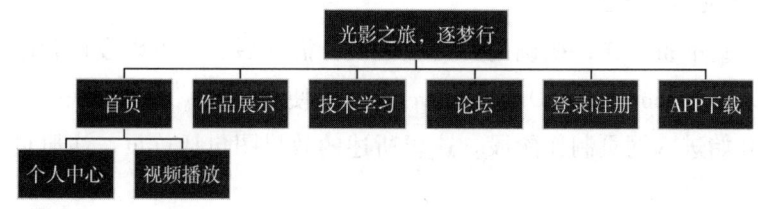

图11-1 "光影之旅，逐梦行"网站框架

在图11-1所示的"光影之旅，逐梦行"网站框架中，首页在整个网站所占比重较大，因此应该先规划首页的功能模块。设计首页时需要有重点、有特色的概述网站内容，使访问者快速了解网站信息资源。在设计子页面时，其风格要和首页保持一致，变化的仅仅是布局和内容模块。

在设计网站界面之前，可以先勾勒网站的原型图。原型图可以帮助快速完成网页结构和模块的分布。图11-2所示为"光影之旅，逐梦行"的首页原型图。

图11-2 "光影之旅，逐梦行"的首页原型图

（三）收集素材

整体规划后就进入收集素材阶段，可以根据设计需要，搜集一些素材。例如：文本素材、图片素材等。

1. 文本素材

文本素材的收集渠道比较多，可以在同行业网站中收集整理，也可以在一些杂志、报刊中收集，然后分析总结文本内容的优缺点，提取有用的文本内容。值得一提的是，提取到的文本内容需要再加工，避免侵权。

2. 图片素材

为了保证快速完成网站的设计任务，在搜集图片素材时要考虑图片的风格是否和网站风格一致，以及图片是否清晰。

（四）制作网页效果图

根据前期的准备工作，明确用户的项目设计需求后，就可以设计和制作网页的效果图了，可以使用photoship、Dreamweaver这种方便快捷的编辑工具来完成，先确定效果图后，再开始进入网页制作阶段。这里所述的效果图包括首页、注册页、个人中心页三个页面。

二、使用Hbuilder建立站点项目

站点是一个管理自己设计的网站中所有与之相联系的文件的工具。我们可以通过建立站点来对网站相关的页面及各类网站所需的素材进行统一的管理，还可以使用站点来管理以便达到将网页所需文件上传到网页服务器的目的。

在HBuilder中建立站点的步骤如下：

（1）打开HBuilder，点击左上角的"文件"按钮，选择"新建"->"项目"。

（2）在弹出的"新建项目"窗口中，输入项目名称，选择项目保存路径，然后点击"创建"按钮。一个网站站点中通常包括HTML文档、图片、CSS文件夹、JS文件夹。

（3）在项目中新建一个HTML文件。

整个过程以Hbuilder X3.5.3为例，如图11-3~图11-6所示。

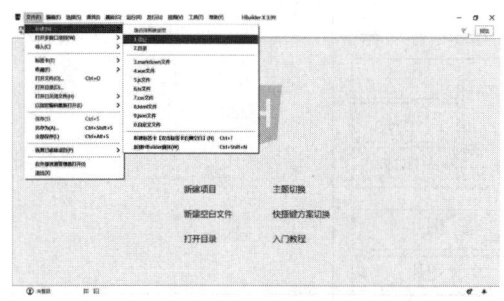

图11-3 选择"新建"找到"项目"

图11-4 对话框中输入项目名，选择保存位置

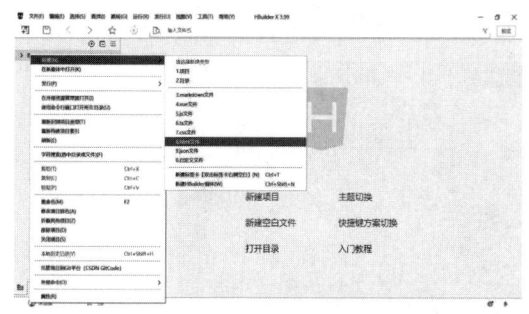
图11-5 选择项目单击右键，新建HTML文档

图11-6 输入HTML文档名

三、切图

为了提高浏览器的加载速度，以及满足一些版面设计的特殊要求，通常需要把效果图中不能用代码实现的部分剪切下来作为网页制作时的素材，这个过程称为"切图"。切图的目的是给网页提供图片素材，可以让你从html或者css里引入图片。常用的切图工具主要有 Photoshop 和Fireworks。一般以Photoshop作为切图工具，步骤包括：选择切片工具、绘制切片区域、导出切片、存储图片。具体操作可通过Photoshop学习。

四、制作首页

（一）效果图分析

经过前期的网页规划设计，能初步绘制网页的结构及版式，但需要对网页的结构和版式进行详细的分析，才能高效地完成网页的布局和排版。下面对页面效果图的HTML结构、CSS样式进行分析。

1. HTML结构分析

观察首页效果图，可以看出整个页面大致可以分为头部、导航、banner、主体内容、页脚信息5个模块，具体结构如图11-7所示。

2. CSS样式分析

仔细观察页面的各个模块，可以看出，首页的头部、banner 和版权信息模块均为通栏显示。这需要将头部和版权信息最外层的盒子宽度设置为100%，banner图要用较大的图片（宽度一般为1920px）。

经过对效果图的测量，发现其他模块均宽 1200px且居中显示。也就是说，页面的版心为 1200px。页面的其他样式细节，可以参照案例源码，根据前面学习的静态网页制作的知识，分别进行制作。

（二）首页制作

页面制作是将页面效果图转换为计算机能够识别的标签语言的过程。接下来，将分步骤完成静态页面的搭建。

图11-7 首页效果图

1. 页面布局

页面布局是为了使网站页面结构更加清晰、有条理，而对页面进行的"排版"。接下来，将对"光影之旅，逐梦行"网站的首页进行布局，具体代码如下所示：

```
<!DOCTYPE HTML>
<html>
  <head>
    <meta charset="utf-8"/>
    <title>光影之旅</title>
    <link rel="stylesheet" type="text/css" href="css/index.css">
    <script type="text/javascript" src="js/index.jg">
    </scrpe>
  </head>
  </body>
    <!—头部-->
    <header id="head">
    </header>
    <!—头部结束-->
    <!—导航条-->
    <nav>
    </nav>
    <!—导航条结束-->
    <!--banner-->
    <div class="banner">
    </div>
    <!--banner 结束-->
    <!—主体内容-->
    <div class="content" id="con">
    </div>
    <!—主体内容结束-->
    <!—页脚-->
    <footer>
    </footer>
    <!—页脚结束-->
  </body>
</html>
```

说明：

主要使用<div>标签将五大部分在网页中划分出来，通过样式进行布局。

2. 定义公共样式

为了清除各浏览器的默认样式，使得网页在各浏览器中显示的效果一致，在完成页面布局后，首先要做对CSS样式进行初始化并声明一些通用的样式。打开样式文件index.css，编写通用样式，具体代码如下：

```css
/*清除浏览器默认样式*/
body, ul, li, ol, dl, dd, dt, p, hl, h2, h3, h4, h5, h6, form, img{
    margin:0;
    padding:0;
    border:0
    ;list-style: none;
}
/*全局控制样式*/
body{
    font-family："微软雅黑",Arial,Helvetica, sans-serif；
    font-size:14px；
}
a{
    color:#333;
    text-decoration: none;}
    input,textarea{
    outline:none;
}
@font-face {
    font-family:'freshskin';
    src:url('fonts/iconfont.ttf');
}
```

说明：

在上面的样式代码中，最后一行的"iconfont.ttf"是存放在fonts文件夹中的图标字体。

3. 制作首页的头部和导航

网页的头部和导航效果均由左右两个大盒子构成，效果如图11-8所示。

图11-8 头部导航条效果图

首先，搭建主页的头部结构。在index.html文件内书写头部的HTML结构代码：

```
<!--头部-->
<header id="head">
<audio src-"audio/audio.mp3" autoplay="autoplay" loop></audio>
<div class="con">
        <ul class="left">
            <li>首页</1i>
            <li>作品展示</1i>
            <1i>技术学习</1i>
            <li>微聚</1i>
            <li>论坛</1i>
        </ul>
        <ul class="right">
            <li>APP下载</1i>
            <li>播放记录</1i>
            <li>登录/注册</1i>
        </ul>
</div>
</header>
    <!--头部结束-->
    <!--导航条-->
<nav>
    <div class="nav _in">
     <ul>
        <li><a href="index.html"></a><</li>
        <li ><a href="user.html"></a>个人中心</1i>
        <li ><a href="video.html"></a>视频播放</1i>
     </ul>
     <ol>
        <li>&#xe65e;</li>
        <li>&#xe608;</1i>
        <li>&#xf012a;</1i>
        <li>&#xe68e;</1i>
     </ol>
    </div>
</nav>
    <!--导航条结束-->
```

265

接下来，在样式表index.css中书写对应的CSS样式代码，具体如下：

```css
/*头部*/
header{
    width:100%;
    height: 46px;
    background: #0a2536;
}
header .con{
    width:1200px;
    margin:0 auto;
}
header .con .left{
    float: left;
}
header .con .right{
    float: righti
}
header .con .left il{
    float: left;
    height:46px;
    line-height: 46px;
    margin-right:50px;
    color: #EfE;
    cursor: pointer;
}
header .con .right li{
    float: right;
    height:46px;
    line-height: 46px
    ;margin-left:50px;
    color: #fff;
    cursor: pointer;
}
header .con .right li a{
    color:#fff;
}
/*头部结束*/
```

```css
/*nav begin*/
nav{
    width:100%;
    height:55px;
    position:absolute;
    background:rgba(255,255,255,0.8):
    z-index:10;
}
nav .nav_in{
    width:1200px;
    margin:0 auto;
}
nav ul{
     float: left;
}
nav ul li{
    float: left;
    margin-right: 50px;
    font-size: 18px;
    height:55px;
    line-height: 55px;
}
nav ul li:first-child a{
    display:inline-block;
    height:55px;
    width:118px;
    background:url(../images/LOGO.png) no-repeat center left;
}
nav .nav_in ol{
    float: right;
    width:300px
    ;height; 55px;
    font-family:"freshskin";
}
```

```
nav .nav_in ol li{
    float:left;
    width:32px;
    height:32px;
    1ine-height: 32px;
    text-align: center;
    color:#333;
    box-shadow: 0 0 0 1px #333 inset;
    transition:box-shadow 0.5s ease 0s;
    border-radius: 16px;
    margin:10px 0 0 30px;
    cursor: pointer;
}
nav .nav in ol li:hover{
    box-shadow: 0 0 0 16px #fff inset;
    color:#333;
}
/*导航条结束*/
```

4. 制作banner

在设计中，banner是指网幅广告、横幅广告等，可以简单说成是表现商家广告内容的图片，是互联网广告中最早、最基本、最常见的广告形式。

banner分为广告大图，即焦点图和按钮两部分，如图11-9所示。

图11-9　banner效果图

具体的banner结构代码如下：

```html
<!--banner-->
<div class="banner">
    <div class="banner_pic" id="banner_pic">
        <div class="current"><img class="ban" src="images/banner01.jpg" ></div>
        <div class="pic"><img class="ban" src="images/banner02.jpg" ></div>
        <div class="pic"><img class="ban" src="images/banner03.jpg" ></div>
    </div>
    <p>迅速发现找到想要的内容    |    尽享国内外优秀视频资源    |    分享摄影心得结识新朋友</p>
    <p>向下开启光影之旅</p>
    <ol id="button">
        <li class="current"></li>
        <li class="but"></li>
        <li class="but"></li>
    </ol>
<a href="#con" class="sanjiao"><img src="images/jiantou.png" alt=""></a>
</div>
<!--banner结束-->
```

在index.css样式表中添加banner的CSS样式：

```css
/*banner */
banner{
    width:100%;
    height:720px;
    position: relative;
    color:#ffE;
    overflow: hidden;
    text-align: center;
}
banner .ban{
    position: absolute;
    top:0;
    left:50%;
    transform:translate(-50%,0);
}
banner .current{
```

```css
        display: block;
}
banner .pic{
        display: none;
}
banner h3{
    font-weight: normal;
    padding-top:70px;
    color:#fff;
    opacity:0;
    font-size: 50px;
    transition:all 0.5s ease-in 0s;
}
#button{
    position:absolute;
    left:50%;
    top:90%;
    margin-left:-62px;
    z-index:9999;
}
#button .but{
    float:left;width:28px;height:1px;
    border:1px solid #d6d6d6;
    margin-right:20px;
}
#button 1i{
        cursor:pointer;
}
#button .current{
    background:#2fade7;
    float:left;
    width:28px;
    height:1px;
    border:1px solid #90d1d5;
    margin-right:20px;
}
body:hover .banner h3{
```

```css
    padding-top:200px;
    opacity:1;
}
banner p{
    width:715px;
    position: absolute;
    top:50%;
    left:50%;
    font-size:20px;
    opacity:0;
    transform:translate(-50%,-50%);
    -webkit-transform:translate(-50%,-50%);
    transition:all 0.8s ease-in 0s;
}
body:hover .banner p{
        opacity: 1;
}
.banner p:nth-of-type(2){
    position: absolute;
    top:1000px;
    left:50%;
    font-size: 20px;
    opacity:0;
    transform:translate(-50%,0);
    -webkit-transform:translate(-50%,0);
    transition:all 0.8s ease-in 0s;
}
body:hover .banner p:nth-of-type(2){
    position: absolute;
    top:400px;
    opacity:1;
    .sanjiao{
    width:40px;
    height:30px;
    padding-top: 10px;
    border-radius: 20px;
```

```css
        box-shadow: 0 0 0 lpx #fff inset;
        text-align: center;
        position: absolute;
        top:1000px;
        left:50%;
        z-index: 99999;
        opacity:0;
        transform:translate(-50%,0);
        -webkit-transform:translate(-50%,0);
        transition:all 0.8s ease-in 0s;
}
body:hover .sanjiao{
        position: absolute;
        top:500px;
        opacity:1;
}
.sanjiao:hover{box-shadow: 0 0 0 20px #2fade7 inset;}
/*banner 结束*/
```

为了展示更多内容，也为了吸引各种类型的用户，banner中的焦点图是可以进行轮播的，每隔一段时间焦点图将自动切换一次。如果将光标放置在焦点图的按钮上，则切换到和该按钮相关联的焦点图。这些功能需要通过JavaScript 代码来实现。在"index.js"中书写JavaScript代码，具体代码如下：

```javascript
window.onload=function(){
    //顶部的焦点图切换
    function hotChange(){
    var current index=0;
    var timer=window.setInterval (autoChange, 3000);
    var button li=document.getElementById("button").getElementsByTagName("li");
    var
pic_div=document.getElementById("banner_pic").getElementsByTagName("div");
        for(var i=0;i<button li.length;i++){
            button_li [ i ] .onmouseover=function().
                if(timer){
                    clearInterval(timer);
                }
```

```
            for(var j=0;j<pic_div.length;j++){
                if(button_li[j]==this){
                    current_index=j;
                    button_li[j].className="current";
                    pic_div[j].className="current";
                }
                else{
                    pic_div[j].className="pic";
                    button_li[j].className="but";
                }
            }
        }
        button:li[i].onmouseout=function(){
            timer=setInterval(autoChange,3000);
        }
        function autoChange(){
            ++current_index;
            if (current_index==button_li.length) {
            currentindex=0;
            }
            for(var i=0;i<button_li.length;i++){
                if(i==current_index){
                    button_li[i].className="current";
                    pic_div[i].className="current";
                }
                else{
                    button_li[i].className="but";
                    pic_div[i].className="pic";
                }
            }
        }
    }
    hotChange();
}
```

5. 制作主体内容

在图 11-7 中可以看出，首页的主体内容部分由带有超链接的图片组成，所以可以

使用若干盒子放置图片进行布局，具体代码如下：

```
<!--主体内容-->
<div class="content" id="con">
    <h2>最热视频-大家都在看</h2>
    <a href="video.html">
        < img src="images/pic01.jpg" >
        <div class="cur">
            <h3>初学者怎样挑选镜头</h3>
            <span>查看详情</span>
        </div>
    </a>
    <a img src="images/pic02.jpg" ></a>
    <a img src="images/pic03.jpg" ></a>
    <a img src="images/pic04.jpg" ></a>
    <a img src="images/pic05.jpg" ></a>
    <a img src="images/pic06.jpg" ></a>
</div>
<div class="share">
    <h2>大咖推荐-看看牛人分享</h2>
    <a href="#">
        < img src="images/pic07.jpg" >
        <div class="cur">
            < img src="images/pic01.png" >
            <h3>nosay</h3>
            <p>视频：34 订阅粉丝：30112</p>
            <span>订阅</span>
        </div>
    </a>
<a href="#">
    < img src="images/pic07.jpg">
    <div class="cur">
        < img src="images/pic02.png">
        <h3>nosay</h3>
        <P>视频：34 订阅粉丝：30112</p >
        <span>订阅</span>
    </div>
</a >
```

```
        <a href="#">
            < img src="images/pic07.jpg">
            <div class="cur">
                < img src="images/pic02.png">
                <h3>nosay</h3>
                <P>视频：34 订阅粉丝：30112</p >
                <span>订阅</span>
            </div>
        </a >
        <a href="#">
            < img src="images/pic07.jpg">
            <div class="cur">
                < img src="images/pic02.png">
                <h3>nosay</h3>
                <P>视频：34 订阅粉丝：30112</p >
                <span>订阅</span>
            </div>
        </a >
</div>
<!--主体内容结束-->
```

在index.css样式表中添加主体部分的CSS样式：

```
/*主体内容样式*/
.content{
    width:1200px;
    height:825px;
    margin:0px auto;
    border-bottom: 3px solid #ccc;
}
.content h2,.share h2{
    text-align: center;
    color:#333;
    font-size: 36px;
    font-weight: normal;
    line-height:100px;
}
```

```css
.content a{
    float: left;
    width:388px;
    height:218px;
    overflow: hidden;
    margin:0 0 12px 17px;
}
content a:nth-of-type(1),.content a:nth-of-type(4),.share a:nth-of-type(1),.share  a:nth-of-type(3),.share {
      margin-left:0;
}
.content a img,.share a img{
      display: block;
}
.content a:nth-of-type(1){
    position: relative;
    width:795px;
    height:448px;
    overflow: hidden;
}
.content a:nth-of-type(1) .cur{
    width:795px;
    height:448px;
    background:#000;
    opacity:0;
    position: absolute;
    left:0;
    top:0;
    text-align:center;
    transition:all 0.5s ease-in 0s;
}
.content a:nth-of-type(1):hover .cur{
      opacity: 0.5;
}
.content a .cur h3{
    color:#fff;
```

```css
    font-size: 25px;
    font-weight: normal;
    padding-top: 150px;
}
.content a .cur span{
    display: block;
    width:150px;
    height:40px;
    font-size: 20px;
    line-height:40px;
    color:#2fade7;
    margin:100px 0 0 317px;
    border-radius: 5px;
    border:2px solid #2fade7;
}
content a img{
        transition:all 0.5s ease-in 0s;
}
.content a:hover img{
        transform: scale(1.1,1.1);
}
.content a:nth-of-type(1):hover img{
    width:795px;
    height:448px;
    transform: scale(1);
}
.share{
    width:1200px;
    height:850px;
    margin:0 auto;
    border-bottom: 3px solid #ccc;
}
.share a{
    float: left;
    position: relative;
    width:592px;
```

```css
    height:343px;
    margin:0 0 16px 16px;
    overflow:hidden;
}
.share a .cur{
    width:296px;
    height:345px;
    background:rgba(255,255,255,0)i
    position: absolute;
    left:-296px;
    top:0;
    text-align: center;
    transition:all 0.5s ease-in 0s;
}
.share a:hover .cur{
    position: absolute;
    left:0;
    top:0;
    background:rgba(255,255,255,0.5);
}
.share a:nth-of-type(2) .cur,.shear a:nth-of-type(3) .cur{
    position: absolute;
    left:592px;
    top:0;
}
.share a:nth-of-type(2):hover .cur,.share a:nth-of-type(3):hover .cur{
    position: absolute;
    left:296px;
    top:0;
}
.share a .cur img{
        padding:70px 0 15px 125px;
}
.share a .cur p{
        padding:10px 0 15px 0；
}
```

```
.share a .cur span{
  display: block;
  width:75px;
  height:30px;
  background: #2fade7;
  border-radius: 5px;
  margin:30px 0 0 110px;
  color:#fff;
  line-height: 30px;
}
/*主体内容样式结束*/
```

6. 制作页脚信息部分

网页的最底部一般用来显示网页的版权信息等内容，所以需要使用一个可以放置内容的宽度为100%的<div>盒子。网页底部的样式如图11-10所示。

图 11-10　网页底部样式

网页底部具体代码如下：

```
<!--页脚-->
<footer>
  <div class="foot">
    <a href="#head"><span>Top</span></a>
    <p>Copyright@2023 光影之旅版权所有</p >
  </div>
</footer>
<!--页脚结束-->
```

在index.css中书写页脚的CSS样式代码如下：

```
/*页脚样式*/
footer{
  width:100%;
  height:127px;
  margin-top:100px;
  background: #0a2536;
```

```css
    color:#fff;
    text-align: center；
}
footer .foot{
    width:1200px;
    height:127px;
    margin:0 auto;
    position: relative;
}
footer span{
    width:58px;
    height:32px;
    line-height: 43px;
    text-align: center;
    color:#fff;
    position: absolute;
    top:-31px;
    left:600px;
    margin-left:-29px;
    background: url(../images/sanjiao.png);
}
footer p{
    line-height: 127px;
}
/*页脚结束*/
```

五、制作子网页

一个网站通常包括多个页面，为了能够充分地体现网站的同一性和特点，子网页中有很多相同的板块，如网站的LOGO、导航条的样式、页脚的信息等。若每次都重新定义这些样式会非常烦琐，为此可以将其定义为相同的模板，以供其他网页使用。

（一）创建模板

在"光影之旅，逐梦行"网站中，所有页面的头部、导航、版权信息这三个模块结构均相同，所以可以将这三部分作为不可编辑的区域放置在模板中。

将模板保存在register.html中，具体代码如下：

```html
<!doctype html>
<html>
    <head>
        <meta charset="utf-8">
        <title></title>
        <link rel="stylesheet" type="text/css" href="#">
        <script type="text/javascript" src="#"></script>
    </head>
<body>
<!--头部-->
    <header id="head">
            <div class="con">
                <ul class="left">
                    <li>首页</1i>
                    <li>作品展示</1i>
                    <1i>技术学习</1i>
                    <li>微聚</1i>
                    <li>论坛</1i>
                </ul>
                <ul class="right">
                    <li>APP下载</li>
                    <li>播放记录</li>
                    <li>登录 | 注册</li>
                </ul>
        </div>
    </header>
<!--头部结束-->
<!--导航条-->
<nav>
    <div class="nav in">
        <ul>
            <li><a href="index.html"></a></li>
            <li><a href="index.html">个人中心</a></li>
            <li><a href="index.html">视频播放</a></li>
        </ul>
        <ol>
```

```
            <li>&#xe65e;</li>
            <li>&#xe608;</li>
            <li>&#xf012a;</li>
            <li>&#xe68e;</li>
        </ol>
    </div>
</nav>
<!--导航条结束-->
<!--主体内容-->
<div class="content"></div>
<!--主体内容结束-->
<!--页脚-->
<footer>
    <div class="foot">
        <span>Top</span>
        <p>Copyright@2023光影之旅版权所有</p>
    </div>
</foot>
<!--页脚结束-->
    </body>
</html>
```

（二）制作注册页

使用模板制作注册页，主体部分如图11-11所示。

图11-11　注册页的效果图

根据效果图的分析，在已经应用模板的register.html可编辑区域内书写内容区域的HTML代码，具体如下：

```html
<div class="content">
  <p>
    < img src="images/LOGO.png" alt="光影之旅">
  </p>
  <aside>
    < img src="images/sheying.jpg">
  </aside>
  <div class="right">
    <h3>使用手机号码注册</h3>
    <form action="#" method="post">
      <input type="text" placeholder="昵称"/>
      <input type="text" placeholder="请输入您的手机号码"/>
      <input type="text" placeholder="短信验证码" class="short" />
      <span>请输入验证码</span>
      <p>请输入正确的验证码</p>
      <input type="text" placeholder="密码"maxlength="8"/>
      <input type="text" placeholder="确认密码"maxlength="8"/>
      <input type="submit" value="登录"class="button"/>
      <p>已有账号？马上登录</p >
    </form>
  </div>
</div>
```

接下来新建样式表register.css，并在其中书写对应的CSS样式代码，其中头部、导航以及版权信息直接复制首页样式并调整导航背景即可。内容部分对应的CSS代码如下：

```css
.content{
    width:1200px;
    height:700px;
    margin:50px auto 0;
    border:1px solid #ccc;
    background: #fff;
}
```

283

```
.content p{
    font-size: 25px;
    height:160px;
    line-height: 160px;
    color:#2fade7;
    padding-left: 100px;
}
.content aside{
    float: left;
    margin-left: 100px;
}
.content.right{
    width:385px;
    float: left;
    margin-left: 80px;
}
.content .right input{
    width:340px;
    height:30px;
    padding-left:20px;
    line-height:30px;
    color:#ccc;
    font-size:16px;
    margin-top:30px;
    border-radius: 5px;
    border:1px solid #ccc;
}
input::placeholder{
color:#ccc;
}            /*修改placeholder默认的颜色*/
.content .right .short{
width:230px;
}
.content .right span{
    display: inline-block;
```

```css
    width:91px;
    font-size: 14px;
    color:#2fade7;
    margin:30px 0 0 25px;
}
.content .right p{
    font-size:14px;
    padding:0;
    height:40px;
    line-height:40px;
    color:red;
}
.content .right input:nth-of-type(4){
    margin:0;
}
.content .right .button{
    width:360px;
    height:36px;color:#fff;
    background:#2fade7;
    border:none;
    border-radius: 5px;
    margin-bottom: 20px;
}
.content .right .button:hover{
    background: #0272da;
}
.content .right p:nth-of-type(2){
    color:#ccc;
}
.content .right p:nth-of-type(2) a{
    color:#2fade7;
}
```

运行效果如图 11-12 所示。

图 11-12　注册表运行效果图

（三）制作个人中心页面

个人中心作为用户信息的汇总，集结了所有与个人信息相关的管理模块，各管理模块以单元的形式分块显示在一个页面上。在个人中心页面上，用户可以清楚地知晓自身所有信息的概况，并且进行相关管理与操作。

仔细观察图 11-13 的效果图会发现，在页面的结构上，个人中心页内容主体部分主要分为"用户信息""用户个人管理模块导航""个人内容详情"3 部分，具体制作细节可以参照案例源码，根据前面学习的静态网页制作的知识分别进行制作。

图 11-13　个人信息效果图

根据效果图的分析，在已经应用模板的user.html页面可编辑区域内书写内容区域的HTML代码，具体如下：

```html
<div class="content">
    <div class="center">
        <img src="images/pic01.png" >
        <h3>nosay</h3>
        <p>视频: 34    订阅粉丝: 30112</p>
    </div>
    <ul>
        <li>个人中心</li>
        <li>浏览记录</li>
        <li>我的收藏</li>
        <li>我的订阅</li>
        <li>我的作品</li>
    </ul>
    <div class="left">
        <div class="top">
            <span>最近展示作品</span>
            <a href="#"><img src="images/pic01.jpg" ></a>
            <a href="#"><img src="images/pic02.jpg" ></a>
            <a href="#"><img src="images/pic03.jpg" ></a>
            <a href="#"><img src="images/pic04.jpg" ></a>
            <a href="#"><img src="images/pic05.jpg" ></a>
            <a href="#"><img src="images/pic06.jpg" ></a>
        </div>
        <div class="top">
            <span>最近浏览作品</span>
            <a href="#"><img src="images/pic01.jpg" ></a>
            <a href="#"><img src="images/pic02.jpg" ></a>
            <a href="#"><img src="images/pic03.jpg" ></a>
            <a href="#"><img src="images/pic04.jpg" ></a>
            <a href="#"><img src="images/pic05.jpg" ></a>
            <a href="#"><img src="images/pic06.jpg" ></a>
        </div>
    </div>
```

```
            <figure>
                    <figcaption>共订阅了 8 个人</figcaption>
                    <ol>
                            <li><h3>nosay</h3><span>视频: 34    订阅粉丝: 11298 </span></li>
                            <li><h3>nosay</h3><span>视频: 34    订阅粉丝: 11298 </span></li>
                            <li><h3>nosay</h3><span>视频: 34    订阅粉丝: 11298 </span></li>
                            <li><h3>nosay</h3><span>视频: 34    订阅粉丝: 11298 </span></li>
                    </ol>
                    <p>查看更多</p>
            </figure>
</div>
```

接下来新建该网页的user.css样式表文件，其中头部、导航以及版权信息直接复制首页样式，并调整导航背景即可，具体代码如下：

```css
.content{
    color:#ccc;
    width:1200px;
    height:1140px;
    margin:0 auto;
}
.content .center{
    padding-top: 50px;
    text-align: center;
}
.content .center img{
    width:70px;
    height:70px;
}
.content .center h3{
    line-height: 30px;
}
.content ul{
    width:900px;
    height:42px;
    line-height: 40px;
    background: #fff;
```

```css
    margin: 30px 0 50px 0;
    padding-left: 300px;
}
.content ul li{
    font-size: 16px;
    float: left;
    margin-right: 80px;
    cursor: pointer;
}
.content ul li:nth-child(1){border-bottom: 2px solid #2fade7;}
.content ul li:hover{border-bottom: 2px solid #2fade7;}
.content .left{
    width:896px;
    float: left;
}
.content .left .top{
    height:422px;
    border-top:2px solid #ccc;
    }
.content .left span{
    display: block;
    width:200px;
    height:40px;
    background: #fafafa;
    margin:-20px auto 20px     ;
    text-align: center;
    line-height: 40px;
    font-size: 20px;
}
.content .left a{
    display: block;
    float: left;
    width:289px;
    height:163px;
    overflow: hidden;
    margin:0 14px 15px 0;
}
```

```css
.content .left a img{
    width:289px;
    height:163px;
    transition:all 0.5s ease-in 0s;
}
.content .left .top a:nth-child(4),.content .left .top a:nth-child(7){margin-right:0;}
.content .left .top a:hover img{
    transform: scale(1.1,1.1);
}
.content figure{
    float: left;
    margin:-13px 0 0 40px;
}
.content figure figcaption{
    font-size: 20px;
    height:50px;
}
.content figure ol li{
    height:50px;
    width:190px;
    margin:10px 0 0 0 ;
    padding-left: 60px;
    background: url(../images/pic01.png) no-repeat;
}
.content figure ol h3{font-size: 16px;}
.content figure p{
    width:72px;
    height:25px;
    line-height: 25px;
    border:1px solid #ccc;
    text-align: center;
    margin:30px 0 0 85px;
}
```

运行效果如图11-14所示。

任务十一　综合项目实战

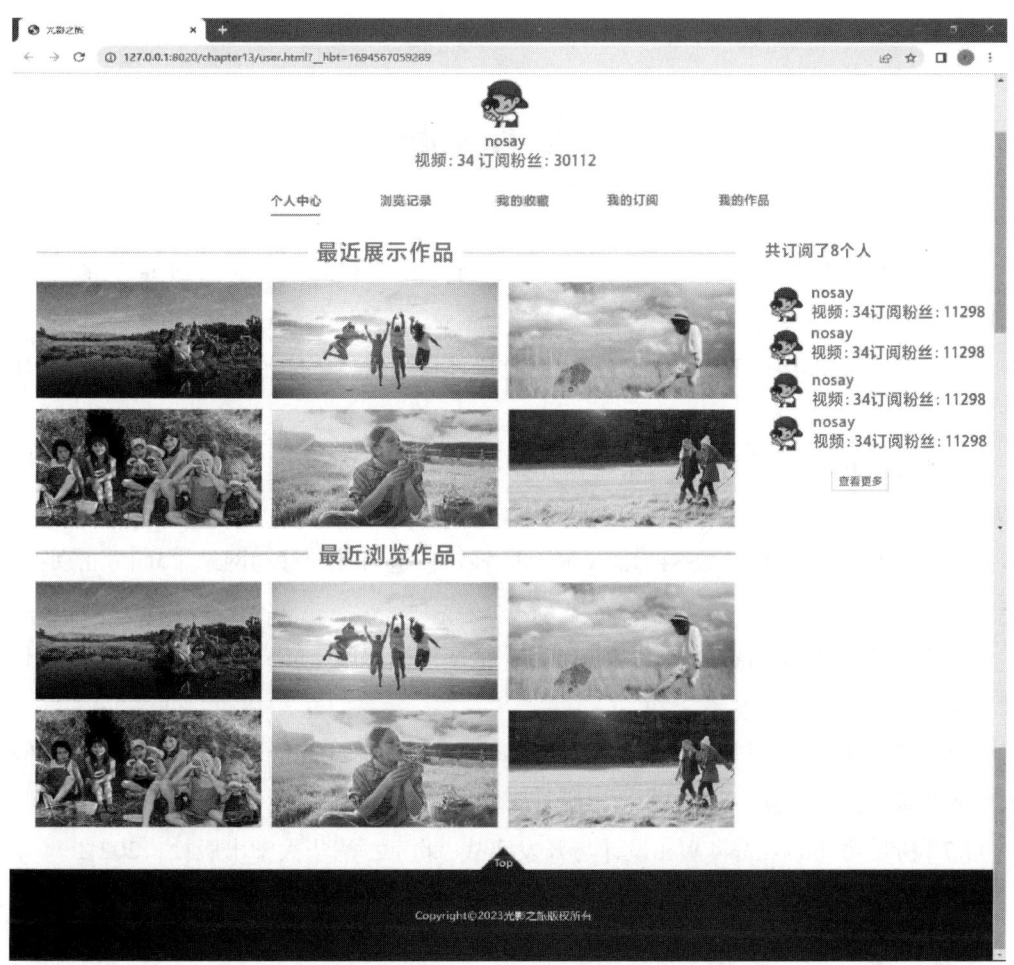

图11-14　个人中心页面运行效果图

参考文献

［1］杜慧，李世扬. 从新手到高手：网页设计（DW/FL/PS）［M］. 北京：北京日报出版社，2016.

［2］王国胜，张丽. Dreamweaver CC网页设计自学经典［M］. 北京：清华大学出版社，2016.

［3］刘贵国. 网页设计与网站建设完全学习手册［M］. 北京：清华大学出版社，2014.

［4］陈婉凌. HTML5+CSS3+jQuery Mobile 轻松构造 APP与移动网站［M］. 北京：清华大学出版社，2015.

［5］刘春茂. Photoshop网页设计与配色：全案例微课版［M］. 北京：清华大学出版社，2022.

［6］李晓斌. 移动互联网之路：HTML5+CSS3+jQuery Mobile APP与移动网站设计从入门到精通［M］. 北京：清华大学出版社，2016.

［7］杨旺功. Bootstrap 4 Web设计与开发实战. 北京：清华大学出版社，2021.

［8］LUBBERS P，ALBERS B，SALIM F. HTML5高级程序设计［M］. 李杰，柳靖，刘淼，译. 北京：人民邮电出版社，2017.

［9］FELKE-MORRIS T. HTML5与CSS3网页设计基础［M］. 北京：清华大学出版社，2018.

［10］凤凰高新教育. 案例学：网页设计与网站建设［M］. 传思，译. 北京：北京大学出版社，2018.

［11］传智播客高教产品研发部. HTML+CSS+JavaScript网页制作案例教程［M］. 北京：人民邮电出版社，2019.

［12］前端科技. HTML5+CSS3从入门到精通：微课精编版［M］. 北京：清华大学出版社，2018.